纤维纳米混凝土高温力学性能与计算方法

赵亮平　王茂华　雷　军　赵树民　著

黄河水利出版社

·郑州·

图书在版编目(CIP)数据

纤维纳米混凝土高温力学性能与计算方法/赵亮平等
著.—郑州:黄河水利出版社,2019.6
ISBN 978 - 7 - 5509 - 2393 - 5

Ⅰ.①纤… Ⅱ.①赵… Ⅲ.①纳米材料 - 应用 - 混凝
土 - 力学性能 - 研究 Ⅳ.①TU528

中国版本图书馆 CIP 数据核字(2019)第 111813 号

组稿编辑:李洪良 电话:0371 - 66026352 E-mail:hongliang0013@163.com

出 版 社:黄河水利出版社   网址:www.yrcp.com
       地址:河南省郑州市顺河路黄委会综合楼 14 层   邮政编码:450003
发行单位:黄河水利出版社
       发行部电话:0371 - 66026940、66020550、66028024、66022620(传真)
       E-mail:hhslcbs@126.com
承印单位:虎彩印艺股份有限公司
开本:787 mm×1 092 mm   1/16
印张:11.5
字数:266 千字   印数:1—1 000
版次:2019 年 6 月第 1 版   印次:2019 年 6 月第 1 次印刷

定价:60.00 元

前　言

通过纤维纳米混凝土配合比试验、常温和高温中纤维纳米混凝土力学性能试验、SEM微观结构观测和 XRD 物相分析,重点研究纤维纳米混凝土配合比,常温和高温中纤维纳米混凝土抗压性能、劈拉性能、抗剪性能和弯曲韧性,纳米材料增强机制和纤维纳米混凝土高温劣化机制,建立相应的计算模型。主要内容如下:

(1)通过 22 组配合比试验,研究纳米材料掺量、混凝土强度等级和钢纤维体积率对浆体富余系数和砂浆富余系数的影响,提出基于工作性的纤维纳米混凝土配合比设计方法。与传统配合比设计方法相比,该配合比设计方法试验量小,适用性广,其结果可方便地换算成各因素对用水量和砂率的影响,并能够与传统配合比设计方法相衔接。

(2)通过 13 组配合比共 156 个纤维纳米混凝土试件的抗压、劈拉、抗剪和弯曲韧性试验,研究了钢纤维体积率、纳米材料掺量和混凝土强度等级对纤维纳米混凝土抗压性能、劈拉性能和抗剪性能以及弯曲韧性的影响,分别建立了考虑纤维和纳米材料影响的纤维纳米混凝土抗压强度、劈拉强度、抗剪强度和抗折强度的计算模型,提出了适合纤维纳米混凝土特点的韧性评价方法。

(3)通过 10 组配合比共 300 个 150 mm × 150 mm × 300 mm 纤维纳米混凝土棱柱体试件的高温中轴压试验,研究了温度、钢纤维体积率和纳米材料掺量对高温中纤维纳米混凝土抗压强度和轴压本构关系的影响,提出了考虑温度、纤维和纳米材料影响的高温中纤维纳米混凝土立方体抗压强度、棱柱体峰值应力、峰值应变和初始弹性模量的计算公式,建立了高温中纤维纳米混凝土轴压本构关系数学模型。

(4)通过 10 组配合比共 150 个 150 mm × 150 mm × 150 mm 纤维纳米混凝土标准立方体试件的高温中劈拉试验,研究了温度、钢纤维体积率和纳米材料掺量对高温中纤维纳米混凝土劈拉强度、峰值变形、劈拉荷载—横向变形曲线下包面积等的影响,提出了考虑温度、纤维和纳米材料影响的高温中纤维纳米混凝土劈拉强度计算公式以及高温中纤维纳米混凝土劈拉韧性评价方法。

(5)通过 10 组配合比共 150 个 100 mm × 100 mm × 400 mm 纤维纳米混凝土梁式试件的四点弯曲试验,研究了温度、钢纤维体积率和纳米材料掺量对高温中纤维纳米混凝土抗折强度、峰值挠度、荷载—挠度曲线下包面积等的影响,提出了考虑温度、纤维和纳米材料影响的高温中纤维纳米混凝土抗折强度计算公式以及高温中纤维纳米混凝土弯曲韧性评价方法。

(6)通过 SEM 微观结构观测和 XRD 物相分析,研究了温度和纳米材料对纤维纳米混凝土微观结构和矿物组成的影响,探讨了纳米材料对纤维纳米混凝土微观性能的影响机制及纤维纳米混凝土高温劣化机制。

　　本书撰写人员及撰写分工如下:第 1 章由雷军、赵树民撰写;第 2 ~ 8 章由赵亮平撰写;第 9 章由王茂华撰写。

　　由于作者水平有限,书中难免有错误与不足之处,恳请专家及广大读者批评指正。

作 者

2019 年 3 月

目　录

1 绪 论

在人类发展的过程中,火的使用是文明进步的一个重要标志,燃尽了人类茹毛饮血的历史,点燃了现代社会的辉煌,但火的失控产生的火灾又给人类的生命财产造成了巨大损失。火灾是一种突发性的社会灾害,它不以人的意志为转移,且难以预料。据不完全统计,全球每年发生火灾约 600 万～700 万起。近年来,我国城乡平均每年发生火灾约 16 万起,平均每天发生火灾 500 多起。全世界每年的火灾经济损失达到社会生产总值的 2‰,死亡人数达 10 万人。2018 年全国发生火灾 23.7 万起,死亡人数 1 407 人,受伤人数 798 人,直接经济损失 36.75 亿元。

根据火灾发生的场合,火灾主要可分为建筑火灾、森林火灾、工矿火灾、交通运输工具火灾等类型。在各种火灾中,建筑火灾对人们的危害尤为直接和严重。尤其是近年来,随着我国城市化水平的迅速提高,建筑行业得到了突飞猛进的发展,建筑密度加大并且其功能形式日趋多样化。但随之而来的,建筑火灾也呈现出了上升势头,由此而导致的人员与经济损失更加严重,恶性案件时有发生。例如,2000 年 12 月 25 日 21 时 35 分,洛阳东都商厦引发特大火灾,造成 309 人死亡、数十人受伤的惨剧。

对付建筑火灾最好的办法是采取各种预防措施,杜绝火灾的发生和蔓延。然而,伴随着当今社会的飞速发展,城市人口日益密集,高层建筑数量激增,燃气、电器的使用也日趋广泛,建筑火灾发生的可能性逐渐增大,控制火灾蔓延的难度也越来越大,因此研究和提高建筑结构的抗火能力就显得尤为重要。

混凝土的使用历史可以追溯到约公元前 6 000 年在克里特岛、塞浦路斯、希腊、中东对非水硬性胶凝材料的应用。但真正意义上的现代混凝土始于英国的 James Parker,他在 1796 年获得了一项关于天然水硬性胶凝材料的专利,该专利用不纯的石灰石岩球煅烧制成水泥。1813 年,法国人 Vicat 用石灰石和黏土的人工合成物经煅烧制成了人造的水硬性石灰。1824 年,Joseph Aspdin 获得了波特兰水泥的专利,波特兰水泥的名称由 Aspdin 首创,主要是因为硬化后的水泥类似于从英国天然石场开采来的天然石灰石。波特兰水泥指硅酸钙水泥系列,占现在水泥用量的 95% 以上。

混凝土是由粗骨料、细骨料、胶凝材料和水等按照一定比例配合而成的复合材料,具有易成型、相对能耗低、耐久性好、价格便宜、便于就地取材以及与钢材协同工作性好等优点。目前,混凝土已发展成为最主要的建筑材料,是世界上用量最大的人工材料。普通混凝土(NC)结构在建造过程和长期使用期间,处于正常的工作条件下时,其温度绝对值不高,波动不大,按照现行规范进行设计,即可保证结构安全,并能够满足建筑物的使用功能要求。

但是,当结构的环境温度升高很多,或温度发生周期性变化时,结构因使用性能下降或承载力下降而失效,发生局部破坏,甚至整体倒塌。结构工程中因为温度变化而发生的工程问题可分为三类:

（1）周期性或一次性的温度超常。例如,高层建筑和超长建筑朝阳面的日晒升温、夏冬季的温度交替和室内外温差等,使建筑物的内部出现周期性温度差;又如,大体积水工混凝土结构因混凝土凝固过程中水泥水化热的积聚,在结构内部形成不均匀的温度场等。

（2）正常工作条件下的长期高温作用。例如,冶金和化工企业的高温车间,其结构常年在高温辐射下工作,表面温度可达 200 ℃ 或更高;烟囱排放高温烟气,内衬温度可达 500 ~ 600 ℃,外壳温度达 100 ~ 200 ℃ 等。

（3）偶然事故诱发的短时间高温冲击。例如,建筑物火灾的延续时间从数十分钟至数小时不等,在 1 h 内可达 1 000 ℃ 或更高;化学爆炸、核爆炸或核电站事故等,可在很短时间(以 s 计)内达到数千度以上的高温等。

以上三类结构温度效应问题,其温度值区段和温度变化规律均不相同,对材料和结构性能的影响及损伤的严重程度差别也很大,应当有相应的理论分析、设计方法和构造措施分别予以解决。

混凝土结构是建筑物的主要结构形式,与木材和塑料制品不同,混凝土是不燃物,而且在高温条件下不会散发有毒气体和烟雾。与钢材不同,混凝土是一种热惰性材料,在火灾高温下的一定时间内仍具有足够的强度。火灾发生时,混凝土保护层避免了钢筋直接暴露于高温中,并延缓了构件内部温度上升的速度,使钢筋混凝土结构保持较好的稳定性,从而降低了结构倒塌的危险。例如,2010 年重庆市一座 29 层居民楼发生火灾,大火持续 4 h 以上,由于钢筋混凝土结构的大楼在火灾中保持了其结构的完整性,100 多名被困群众获救,400 余名群众被疏散。

尽管混凝土的耐火性较好,但当火灾高温持续足够长时间后,混凝土的力学性能会显著降低,尤其对高强高性能混凝土而言,由于其密实的内部结构和较低的渗透性,在高温作用下内部孔隙中的蒸汽压较大,高强高性能混凝土比普通混凝土更易于发生高温爆裂。高温爆裂会使钢筋混凝土结构的保护层脱落,令钢筋直接暴露于火灾高温中而快速软化屈服,从而增加了结构坍塌的风险。虽然坍塌发生的情况相对较少,但其后果却是灾难性的。2003 年 11 月 3 日凌晨 5 时许,湖南省衡阳市衡州大厦发生特大火灾,在救火过程中,大楼西北角部分突然坍塌,造成 36 人伤亡,其中 20 名消防官兵壮烈牺牲,11 名消防官兵、4 名记者、1 名保安不同程度受伤。

高温爆裂对钢筋混凝土结构整体抗火性能的不利影响甚至高于混凝土力学性能的劣化。作为结构的承重和支撑体系,钢筋混凝土构件必须在火灾的一定时间期限内保持足够的承载能力,以使火灾后的救援工作有较高的安全保障。因此,对混凝土结构抗火性能研究显得十分重要。

随着工程技术的进步与革新,混凝土结构在高度、跨度、体形等方面越来越复杂,对混凝土材料也提出了更高、更苛刻的要求。在混凝土中掺加纳米材料可以从微观层面改善混凝土的性能,是开发耐久和环保高性能混凝土的一种潜在手段。研究表明,纳米材料能促进水泥浆的水化和早期氢氧化钙的形成,降低水泥浆的孔隙率和钙的溶出,加速火山灰反应并使混凝土微观结构更加密实,提高混凝土的强度、抗渗透性和耐磨性。纳米材料还可以提高混凝土高温后的残余强度,但不能防止高温爆裂的发生。

改善混凝土高温爆裂的最有效手段之一是在混凝土中掺加聚丙烯纤维。在高温作用下,混凝土内部无序分布的聚丙烯纤维随高温熔化,提供了蒸汽压释放的通道,从而有效抑制了高温爆裂。钢纤维的导热性能较好,在混凝土中乱向分布且相互搭接的钢纤维使高温下混凝土内部温度梯度较小,降低了热应力,从而显著改善了混凝土的高温力学性能。

纤维纳米混凝土(fiber and nanosized materials reinforced concrete, FNMRC)充分发挥纳米材料在微观和纤维在细宏观对混凝土的增强作用,实现了微观与细宏观增强的复合,是一种性能优良的新型建筑材料。由于 FNMRC 组成材料的特殊性,与 FNMRC 有关的许多科学问题亟待解决,例如,采用怎样的配合比可以充分发挥纤维和纳米材料各自的优异性能?FNMRC 的工作性和力学性能如何?与普通混凝土相比有何改善?高温作用下FNMRC 的力学性能如何?如何充分发挥纤维和纳米材料对混凝土高温性能的改善作用?FNMRC 的微观结构与普通混凝土有何不同?微观结构对宏观性能的影响及其相互关系如何?高温作用下 FNMRC 的微观结构有何变化?FNMRC 的高温劣化机制是什么?在采用纤维和纳米材料复合改善混凝土性能的同时,这些问题都需要充分考虑并妥善解决。

1.1 国内外混凝土结构抗火性能研究现状

1.1.1 国内外结构抗火发展概况

在国外,美国、英国、日本、德国等许多国家都对火灾后建筑结构受损程度和抗火性能进行了研究。

早在 20 世纪初,美国就开展了钢筋混凝土结构的防火研究。1901 年,美国国家标准局成立后陆续开展了许多与火灾相关的研究工作。1905 年,美国材料与试验协会(ASTM)成立专门委员会来标准化试验方法。1914 年,在美国国会的资助下,开始了对建筑材料耐火性能的研究,该项工作所取得的成果为美国后来的火灾研究奠定了坚实的基础。1916 年,由 11 个建筑团体组成的一个联合委员会综合各构件的试验方法,提出了标准的温度—时间曲线,即 ASTM E 119 曲线,该曲线 1918 年正式成为美国进行火灾研究的标准曲线。从 1960 年开始,美国许多高校和研究单位对火灾混凝土结构的耐火性能进行研究,波特兰水泥协会(Portland Cement Association)研究和发展实验室从 20 世纪 60 年代开始研究混凝土材料在高温下的物理力学特性,同时对普通钢筋混凝土构件和预应力钢筋混凝土构件的耐火性能进行了试验研究。20 世纪 70 年代美国加利福尼亚大学伯克利分校火灾研究小组,针对火灾后钢筋混凝土构件截面温度分布及钢筋混凝土框架结构的火灾反应,编制了温度分布程序 FIRES – T3 和框架反应程序 FIRES – RC Ⅱ。1981 年,美国混凝土协会结构防火和耐火委员会(ACI Committee 216)编制了《Guide for Determining the Fire Endurance of Concrete Elements》,全面系统地提出了混凝土构件的温度分布、耐火时间以及火灾安全水平下建筑构件的设计方法,本指南成为确定构件耐火性能的标准。之后,该委员会于 1997 年还出版了确定混凝土和砌体构件耐火性能设计和分析过程的标准。1990 年,火灾研究中心与建筑技术中心合并成今天的建筑与火灾研究实验室,继续从事与火灾有关的研究工作。此外,人们也在利用计算机技术模拟和再现建筑单元内火灾发生、发展和蔓延的传播机制,但目前还处于各种模型的研究阶段。

1897 年,在当时的不列颠防火委员会(British Fire Prevention committee)和火灾保险委员会(Fire Offices′ Committee)的主持下,英国的火灾试验场在 Regens Park 建成,该试验场可以进行各种构件的抗火性能试验和材料燃烧性能试验。1918 年,火灾保险委员会新的火灾试验炉在 Borehamwood 建成。1947 年,英国火灾研究所(Fire Research Station)成立,该研究所成立后开展了大量的研究工作,为推动防火领域的发展做出了重大贡献。此外,英国其他一些大学也先后开展了与火灾有关的研究工作,在结构抗火设计方法等方面取得了重大进展。

从 1991 年开始,欧洲共同体陆续颁布了一系列结构设计规范试用本,为欧洲共同体各成员国提供了一套结构设计时应遵守的基本原则,其中涉及结构防火设计方面的有 Eurocode 1-5 和 Eurocode 9。

日本的火灾研究开始于 20 世纪 40 年代。坂静雄等对钢筋混凝土结构进行了火灾试验研究以及建筑结构内部温度的推定方法研究。原田有等在构件的耐火性能等方面进行了大量研究工作,于 1973 年出版了专著《建筑耐火构法》,该书系统全面地给出了建筑结构火灾温度的推定方法,建筑材料的高温性能以及建筑结构构件的承载力计算方法和整体结构的耐火性能。其中,最著名的是川越提出的火灾温度判定方法,这种方法综合考虑了发生火灾时通风因子等因素对火灾温度的影响,给出了等价耐火时间判定曲线,从而可以根据耐火时间及标准火灾温度曲线判定火灾温度。

我国在结构抗火研究方面的起步较晚。20 世纪 60 年代冶金部工业建筑研究总院等单位进行了高温下混凝土强度的试验研究,并调研和分析了高温对厂房结构和烟囱结构的影响,提出了相应的设计施工建议。随后在 70 年代,该院联合其他单位编制了《冶金工业厂房钢筋混凝土结构抗热设计规程》,该规程给出了 60 ~ 200 ℃范围内的设计计算方法、设计措施、材料指标及其他有关规定。1989 年,江苏省建筑科学研究院联合江苏省公安厅消防局和南京市公安局消防支队开展了火灾后建筑结构受损程度的诊断与修复方法研究,取得了一定的研究成果,并最终编写完成了《建筑物火灾后诊断与处理》一书。该书系统地总结了火灾后结构鉴定的各种判定方法以及高温作用下混凝土和钢筋的材料性能,并且利用减小截面法计算钢筋混凝土构件的残余承载能力,最后给出了常规的加固方法,是我国在该领域内首部使用性专著。与此同时,国内的中国科技大学、中国建筑科学研究院、清华大学、同济大学、浙江大学、西南交通大学、哈尔滨建筑大学、大连理工大学、郑州大学等单位和高校也相继开始了火灾报警系统、自动灭火系统、建筑排烟系统、高温下与高温后钢筋和混凝土材料性能、本构关系模型以及各类结构抗火性能等方面的研究工作,并取得了丰硕的成果。

中华人民共和国成立以后,我国政府对建筑物防火非常重视,先后颁布的一系列规范:1956 年公布了《工业与民用建筑防火标准》;1960 年颁布了《关于建筑设计防火原则的规定》;1974 年和 1988 年相继编写出台了《建筑设计防火规范》;针对高层建筑的不断涌现,在 1983 年和 1995 年又颁布了《高层民用建筑设计防火规范》。1996 年,上海市建筑科学研究院在大量试验研究和工程实践的基础上,结合国内外的科研成果,编制了上海市地方标准《火灾后混凝土构件评定标准》(DBJ 08 – 219 – 96)。但是目前,我国在火灾后建筑结构鉴定领域还没有一个统一的国家标准来规范指导火灾后建筑物的鉴定工作,鉴定结论有时带有一定的主观性和片面性。因此,进行这方面国家标准的编制显得尤为必要,将对统一火灾后建筑结构的鉴定程序和方法起到重要的作用。

1.1.2 混凝土热工性能

混凝土在高温下的基本性能可分为热工性能和力学性能。热工性能影响高温下混凝土内部的热传导和温度分布,主要表现为导热系数、比热、质量密度和热膨胀系数等四个参数。高温下的力学性能则决定结构构件的承载能力和耐火极限,主要包括材料在高温下的强度指标、变形性能、弹性模量等参数。

混凝土是一种非匀质的复合材料,在高温作用下其组成材料中的粗、细骨料和水泥胶结材料的热工性能都不相同,因此导致混凝土在高温下各项性能指标发生变化,影响因素非常复杂。截至目前,国内外许多学者对不同种类的混凝土高温时的热工性能和力学性能做了大量的试验研究,取得了很多成果。

混凝土的热工性能主要包括密度、比热容、热传导系数和热膨胀系数等。当火灾发生时,建筑物着火区内的温度急剧上升,混凝土构件与外界环境存在温度差,这样就不可避免地会引起热量的传递。混凝土构件吸收热量后,依靠热传导的方式在构件内部传递热量,在构件的边界表面上通过对流和辐射方式与周围环境进行热量传递。混凝土构件内部的温度发生变化,材料的热工性能也会相应改变,而材料的热工性能的改变又会影响构件内部的温度改变,因此要准确了解构件内部的温度响应,必须知道混凝土材料热工参数随着温度的变化情况。

混凝土的高温密度(ρ_c)定义为指定温度下单位体积的质量,单位是 kg/m³。升温过程中,混凝土内所含水分蒸发逸出,同时体积也有轻微膨胀,因此混凝土的密度在升温过程中一般都是减小的。Eurocode 2 中指出,当温度超过 100 ℃时,混凝土的密度会略有减少,一般减小 100 kg/m³。Schneider 指出,混凝土的高温密度随温度的变化不是很激烈,随着温度的升高,密度呈缓慢降低,超过 600 ℃时,基本趋于稳定,但对石灰石骨料混凝土来讲,由于石灰石骨料的高温分解,当温度超过 800 ℃时,混凝土的密度出现急剧下降的趋势。过镇海研究发现,不同矿物成分的岩石骨料还有些特殊的高温现象影响混凝土的密度,如硅质骨料在 600~800 ℃时分解并形成晶体,伴随着巨大的体积膨胀,密度突然跌落;而玄武岩和石英在 1 200~1 400 ℃时熔化、烧结,又使得混凝土的密度上升;各种轻骨料混凝土的密度随温度升高而变化的规律与普通混凝土相似,只是变化幅度更小。在进行构件温度响应分析和温度场分析时,可认为混凝土的密度为常值,与温度无关。

混凝土的热传导系数(λ_c)是混凝土传导能量的能力,其定义是指在单位温度梯度下单位时间内通过单位面积的热量,单位是 W/(m·℃)。热传导系数因为受多种因素的影响而有较大的变异性和离散性,其中以混凝土湿含量、骨料类型以及混凝土配合比的影响最为明显。混凝土的热传导系数与湿含量之间基本上呈线性变化,100 ℃以后由于蒸发混凝土的湿含量越来越小,对热传导系数的影响可以不考虑。骨料密度对混凝土的热传导系数有决定性的影响,骨料密度越大,混凝土的密实性越好,热传导系数越高,且随着温度的提高,骨料的影响逐渐减少。一般来说,硅质骨料混凝土的热传导系数比钙质骨料混凝土的大,轻质骨料混凝土的热传导系数最小,而硬化水泥浆的热传导系数随温度的升高却变化不大,所以占混凝土总体积大部分的粗骨料对混凝土的热工性能起主导作用。

Eurocode 2 将混凝土按照不同骨料分成 3 类,分别给出热传导系数[W/(m·K)]随温度变化的计算式。

硅质骨料:

$$\lambda_c = 2 - 0.24 \times \frac{T}{120} + 0.012 \times \left(\frac{T}{120}\right)^2 \quad (20\ ℃ \leqslant T \leqslant 1\ 200\ ℃) \tag{1-1}$$

钙质骨料:

$$\lambda_c = 1.6 - 0.16 \times \frac{T}{120} + 0.008 \times \left(\frac{T}{120}\right)^2 \quad (20\ ℃ \leqslant T \leqslant 1\ 200\ ℃) \tag{1-2}$$

轻质骨料:

$$\lambda_c = 1.0 - \frac{T}{1\ 600} \quad (20\ ℃ \leqslant T \leqslant 800\ ℃) \tag{1-3}$$

$$\lambda_c = 0.5 \quad (800\ ℃ \leqslant T \leqslant 1\ 200\ ℃) \tag{1-4}$$

还有学者认为骨料对热传导系数的影响不大,T. T. Lie 给出热传导系数[W/(m·K)]的简化计算式为

$$\lambda_c = 1.9 - 0.000\ 85T \quad (0 \leqslant T \leqslant 800\ ℃) \tag{1-5}$$

$$\lambda_c = 1.22 \quad (T \geqslant 800\ ℃) \tag{1-6}$$

同济大学陆洲导采用稳态保护热板试验法,根据傅里叶定律推出普通混凝土热传导系数[W/(m·℃)]为

$$\lambda_c = 1.6 - \frac{0.6}{850}T \tag{1-7}$$

混凝土的比热容(C_c)也称为质量热容,定义为单位质量的材料,当温度升高 1 ℃所需要的热量。它的实质是表征物体储热能力的大小,单位为 J/(kg·℃)。Lie 指出,混凝土比热随温度升高缓慢增大,在 200 ℃范围内,水汽含量对比热容的影响较大,湿混凝土的比热容大约是干燥混凝土的 2 倍;低于 800 ℃时,骨料类型对混凝土比热的影响很小,而混凝土的配合比对比热的影响很大;当温度大于 800 ℃时,钙质骨料混凝土中的碳酸钙开始分解,需要吸收大量的热量,因此钙质骨料混凝土的比热迅速增大。当混凝土中水泥砂浆的含量较高时,高温作用下极易发生脱水作用,因此配合比较高的混凝土具有较高的潜热,所以配合比对混凝土比热的影响较大。Eurocode 2 建议对各种混凝土的比热容[J/(kg·K)]采用统一关系式:

$$C_c = 900 + 80 \times \frac{T}{120} - 4 \times \left(\frac{T}{120}\right)^2 \quad (20\ ℃ \leqslant T \leqslant 1\ 200\ ℃) \tag{1-8}$$

陆洲导采用磁力搅拌水卡计,根据热平衡原理推出普通混凝土比热容[K/(kg·℃)]为

$$C_c = 0.2 + \frac{0.1}{850}T \tag{1-9}$$

并认为该值一般变化不大,常取 $C_c = 725/\rho_c$。

热膨胀系数(α_c)是指物体温度升高 1 ℃时单位长度的伸长量,单位是mm/(mm·℃)。

混凝土在升温时产生热膨胀的主要原因是:温度低于 300 ℃时,混凝土的固相物质和孔隙间气体受热膨胀;温度高于 400 ℃时,由于水泥水化脱水、未水化的水泥颗粒和粗骨料中的石英成分形成晶体而产生巨大膨胀。由于混凝土传热性能差而沿截面和试件长度产生不均匀的温度场,使内部各点受到约束而不能自由膨胀。试件的变形实际上是一个平均膨胀变形,所以混凝土的热膨胀系数不仅与混凝土本身材料性能有关,而且与骨料类型、温度变化时混凝土的湿度状态、试件尺寸大小、测量方法以及加热速度等外部条件有关,因此具有较大的离散性。

Lie 给出混凝土的热膨胀系数[mm/(mm·K)]与温度的关系式为

$$\alpha_c = \frac{0.008}{6} T \times 10^{-6} \tag{1-10}$$

陆洲导则分段给出了热膨胀系数[mm/(mm·℃)]的两个直线表达式:

$$\alpha_c = 1.0 \times 10^{-5} T \qquad (0 \leqslant T \leqslant 400 \text{ ℃}) \tag{1-11}$$

$$\alpha_c = 2.5 \times 10^{-5} T - 0.006 \qquad (400 \text{ ℃} \leqslant T \leqslant 700 \text{ ℃}) \tag{1-12}$$

1.1.3 混凝土材料高温强度

混凝土的高温力学性能指标主要包括各项强度、变形、弹性模量、应力—应变关系,以及泊松比等。众多试验研究和火灾现场调查表明:高温下混凝土的力学性能的衰减是不可避免的,而各项性能的衰减程度与众多因素(如混凝土等级、骨料类型、配合比、养护条件、加热参数和冷却制度等)有关,以上各参数不同,得出的试验结果也会有差异。

高温下混凝土的力学性能随温度升高逐渐劣化,从混凝土微观结构分析,劣化机制主要为:①水分蒸发后,在混凝土内部形成了裂缝和空隙;②粗骨料与胶凝材料的热工性能不一致,产生变形差和内应力,从而在两者之间界面形成了裂缝;③内部蒸汽压的作用使裂缝进一步增大;④粗骨料本身的受热膨胀破裂。随着温度的升高,这些内部损伤不断积累,更趋严重。

1.1.3.1 混凝土高温抗压强度

抗压强度是各项强度指标中最基本的一项,国内外学者对混凝土的高温抗压强度进行了大量的试验研究,由于受混凝土强度等级、骨料类型、混凝土配合比、养护条件、升降温机制等的影响,结果有所差异。目前,比较被认同的结论主要有以下几个。

1. 混凝土高温抗压强度劣化规律

混凝土立方体抗压强度与温度的关系曲线见图 1-1,从中可以看出混凝土立方体强度随温度变化的基本规律:

$T = 100$ ℃,$f_c^T/f_{cu} \approx 0.9$,混凝土内部自由水蒸发,试件内部形成孔隙和裂缝,混凝土抗压强度降低。

$T = 300$ ℃,$f_{cu}^T/f_{cu} \approx 1.0 \sim 1.06$,试件内部自由水全部蒸发,水泥胶体因结合水开始脱出而收缩,加强了水泥胶体与骨料的咬合,混凝土强度有所回升,甚至超过常温时的强度。混凝土中一般均含有未被熟化的水泥熟料,火灾作用下,被水化产物封闭包裹着的未反应的水泥熟料有重新水化的可能。高温作用下,混凝土内部形成大量水蒸气,水化反应在蒸压条件下被加速,导致 100 ~ 300 ℃时,混凝土抗压强度的反弹,即此时剩余水泥熟料

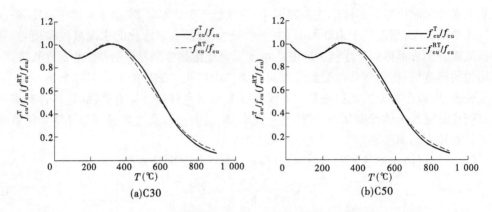

(a)C30　　　　　　　　　　　　　　　(b)C50

f_{cu}^{RT}—高温后混凝土立方体抗压强度

图 1-1　高温时及高温后混凝土立方体抗压强度与温度的关系曲线

的水化使混凝土强度增大的作用大于其他使混凝土强度降低的作用。这就是混凝土在 100~300 ℃时的拮抗效应,高强混凝土(High Strength Concrete, HSC)有类似现象。随着温度的进一步升高、剩余熟料的减少和高温对混凝土微观结构的破坏,混凝土强度降低。

$T > 400$ ℃,水泥胶体与粗骨料的变形差逐步增大,界面裂缝不断开展延伸,混凝土强度急剧下降。

$T > 500$ ℃,Ca(OH)$_2$ 脱水,体积膨胀,裂缝进一步开展。

$T > 600$ ℃,水泥中未水化的颗粒和骨料中的石英成分晶体化,伴随着巨大的膨胀,甚至在骨料内部形成裂缝,f_{cu}^{T}/f_{cu} 随温度的升高急剧下降。此时,占水泥石重量 6% ~12% 的 Ca(OH)$_2$ 受热脱水形成大量游离的 CaO,冷却后,游离 CaO 又与空气中的水汽接触逐渐消解成 Ca(OH)$_2$,体积膨胀,产生很大的内应力,导致混凝土结构破坏。此外,水泥石受热产生较大收缩而骨料膨胀,变形差造成混凝土破坏。

2. 混凝土高温抗压强度的影响因素

(1)强度等级的影响:Kaplan 的研究表明,混凝土的强度等级越高,其高温抗压强度降幅越大。

(2)骨料种类的影响:Kaplan 和 Harade 的研究均显示,相同温度下,硅质骨料的高温强度较低,钙质混凝土稍高,轻骨料混凝土的高温强度更高。沈鲁明认为,500 ℃以下钙质与硅质骨料混凝土的影响相差不多,一般其差异可以忽略,碳化混凝土的高温后强度变化规律与普通混凝土的相似。钮宏经研究发现轻骨料混凝土抗火性能比普通混凝土要好,随着温度的升高,强度下降较缓慢;随强度等级的下降,高温时强度降幅略微减小。

(3)高温作用时间的影响:李卫指出,升温速度越慢,曝于高温下的时间越长,高温中强度越低,随温度升高强度降幅加大。

(4)加载途径与方式的影响:周新刚发现,在重复荷载作用下,高温强度的降幅比常温下降幅大。

(5)温度—应力途径的影响:过镇海等认为,先期压应力的作用能提高混凝土的高温强度。

(6)其他因素:水灰比越大,高温强度越低,升降温循环会持续降低混凝土的抗压强度。

3. 高温中与高温后混凝土高温强度的差别

高温中,在 400 ℃以下,混凝土棱柱体抗压强度在常温强度附近上下波动,先降后升,波动幅度较小,一般可认为不变;400 ℃以上有明显下降;800 ℃时只剩下常温抗压强度的 20% 左右。高温后,抗压强度逐渐下降;在 400 ℃以下降幅较缓,400 ℃以上降幅加大。

混凝土高温后抗压强度要低于其高温下抗压强度。陆洲导、姚亚雄、李卫等分别根据试验结果给出了高温中混凝土立方体抗压强度 f_{cu}^T 与温度 T 的关系。陆洲导的建议公式为

$$f_{cu}^T = f_c \qquad (20 \text{ ℃} \leqslant T \leqslant 400 \text{ ℃}) \qquad (1\text{-}13)$$

$$f_{cu}^T = (1.6 - 0.001\ 5\ T)f_c \qquad (400 \text{ ℃} \leqslant T \leqslant 800 \text{ ℃}) \qquad (1\text{-}14)$$

李卫等还给出了高温中混凝土棱柱体抗压强度 f_c^T 随温度 T 的变化规律:

$$f_c^T = \frac{f_c}{1 + 2.4 \times (T - 20)^6 \times 10^{-17}} \qquad (20 \text{ ℃} \leqslant T \leqslant 1\ 000 \text{ ℃}) \qquad (1\text{-}15)$$

并认为 $f_{cu}^T = f_c^T$。

时旭东、吴波分别给出了混凝土棱柱体高温后抗压强度与温度关系的简化双折线模型。吴波还给出了混凝土棱柱体高温后抗压强度与时间的关系。

此外,不同冷却方式对混凝土高温后抗压强度的影响非常大。阎继红经研究发现,喷水冷却对混凝土强度造成的损伤更大,并认为其原因主要是,混凝土受高温后遇水表面骤然冷却,内部温度却还较高,内外温度的极不均匀导致混凝土内部结构损伤并产生大量裂缝。然而吕天启则认为以 500 ℃为界,喷水冷却对混凝土高温后抗压强度的影响不同,当温度低于 500 ℃时会使强度下降更厉害,而当温度高于 500 ℃时则会减缓高温后抗压强度的下降。

4. 多轴应力状态下混凝土的高温抗压强度

Theniel 等对双向受力时高温下混凝土的本构关系进行了试验研究,发现双轴强度随着温度增高而减小,骨料的最大粒径对高温下双轴强度有较明显的影响,而骨料含量及水灰比影响较小。石贵平对混凝土高温下的双轴抗压强度的试验表明,在相应的应力比和温度水平下,双轴抗压强度要高于相应的单轴抗压强度。胡倍雷对尺寸为 100 mm × 100 mm × 50 mm 的试件在常温、150 ~ 600 ℃的 5 个温度等级高温作用后的变形和强度特性做了试验,测出了应力—应变关系曲线、主压应力及其对应的应变随温度的变化规律,在温度作用后混凝土的双轴强度、最大应力处的应变随主压应力比的变化规律是:当主应力比 α 不变时,普通混凝土双轴压力作用下的强度随温度升高而降低,强度明显下降始于 150 ℃,且其韧性也随温度的升高而降低;温度作用后,普通混凝土在双轴压力作用下的强度随 α 值不同而变化,其值在 $\alpha = 0.5$ 左右时最大。

1.1.3.2 混凝土高温抗拉强度

混凝土的高温抗拉强度和抗压强度的恶化规律不同,试验结果表明抗拉强度离散性大,且其与混凝土骨料类型、含水率、试验方法和温度等因素有关。

李卫通过试验研究发现,混凝土抗拉强度和抗压强度的比值随着温度值的变化而有起伏变化,但总是小于其常温下的比值,即 $f_t^T / f_{cu}^T < f_t / f_{cu}$,此处 f_t 与 f_{cu} 分别表示混凝土在常温下的抗拉强度与立方体抗压强度,f_t^T 与 f_{cu}^T 分别表示混凝土在温度 T 时的抗拉强度

与立方体抗压强度。此不等式表明高温作用引起的材料内部损伤对混凝土抗拉强度的影响比抗压强度更大。李卫进一步指出,高温下,混凝土抗拉强度和抗压强度的比值 $f_\mathrm{t}^\mathrm{T}/f_\mathrm{cu}^\mathrm{T}$ 不是常数,在温度为 300 ~ 500 ℃时达到最小值,并给出混凝土高温下与常温下抗拉强度的关系

$$f_\mathrm{t}^\mathrm{T} = (1 - 0.001T)f_\mathrm{t} \qquad (20\ ℃ \leqslant T \leqslant 800\ ℃) \qquad (1\text{-}16)$$

钱在兹对 30 个混凝土立方体劈裂试件在常温至 900 ℃不同温度作用后,进行了抗拉试验和理论分析工作,探讨了高温作用后混凝土抗拉强度的变化规律,着重分析了不同温度作用后混凝土抗拉强度与抗压强度的关系。谢狄敏给出了高温后抗拉强度的二次拟合曲线模型:

$$f_\mathrm{t}^\mathrm{T} = \left[2.08 \times \left(\frac{T}{100}\right)^2 - 2.666 \times \left(\frac{T}{10}\right) + 104.792 \right]f_\mathrm{t} \qquad (1\text{-}17)$$

以及简化折线模型:

$$f_\mathrm{t}^\mathrm{T} = \left[0.58 \times \left(1.0 - \frac{T}{300}\right) + 0.42 \right]f_\mathrm{t} \qquad (20\ ℃ \leqslant T \leqslant 300\ ℃) \qquad (1\text{-}18)$$

$$f_\mathrm{t}^\mathrm{T} = \left[0.42 \times \left(1.6 - \frac{T}{300}\right) + 0.42 \right]f_\mathrm{t} \qquad (300\ ℃ < T \leqslant 800\ ℃) \qquad (1\text{-}19)$$

1.1.3.3　混凝土高温抗折强度

混凝土高温抗折强度随温度升高呈下降趋势,混凝土抗折强度的高温劣化主要与胶凝体水化产物的分解以及混凝土基体出现的微裂纹有关。与抗压强度相比,抗折强度对裂纹的敏感性更大,其原因在于:构件受弯时,高温作用使混凝土内产生大量微裂纹,受拉区在拉应力作用下,裂缝横切于应力方向,试件每一裂缝的存在和产生都降低有效面积,拉应力的持续增大使中和轴不断上移造成破坏,温度越高,微裂纹越多,故抗折强度越差。

1.1.4　混凝土材料高温变形

1.1.4.1　混凝土高温弹性模量

随温度升高,混凝土的强度降低,变形增加,因此其高温弹性模量降低。

Marechal 对混凝土弹性模量随温度变化的研究表明,骨料对弹性模量的影响较大;在降温过程中,弹性模量基本保持高温时的数值不变。

谢狄敏的试验表明,随温度升高,高温后弹性模量迅速下降,弹性模量与强度的关系在高温作用后已不存在。

胡海涛对高强混凝土的高温弹性模量进行了研究,发现当温度低于 500 ℃时,高强混凝土的弹性模量下降幅度高于普通混凝土,而随着温度继续增长,将逐渐低于普通混凝土。

与高温抗压强度相比,高温弹性模量随温度的变化更有规律性。

欧洲规范给出混凝土的弹性模量随温度变化的表达式为

$$E_\mathrm{c}^\mathrm{T} = (1.084 - 1.384 \times 10^{-3}T)E_\mathrm{c} \qquad (1\text{-}20)$$

陆洲导以三折线式给出了高温弹性模量与温度的关系:

$$E_\mathrm{c}^\mathrm{T} = (1 - 0.0015T)E_\mathrm{c} \qquad (20\ ℃ \leqslant T \leqslant 200\ ℃) \qquad (1\text{-}21)$$

$$E_c^T = (0.87 - 0.008\ 4T)E_c \qquad (200\ ℃ < T \leqslant 700\ ℃) \qquad (1-22)$$

$$E_c^T = 0.28E_c \qquad (T > 700\ ℃) \qquad (1-23)$$

李卫以二折线式给出了高温弹性模量与温度的关系：

$$E_c^T = E_c \qquad (20\ ℃ < T \leqslant 60\ ℃) \qquad (1-24)$$

$$E_c^T = (0.83 - 0.001\ 1T)E_c \qquad (60\ ℃ < T \leqslant 700\ ℃) \qquad (1-25)$$

1.1.4.2 混凝土高温应力—应变关系

李卫进行了四种混凝土在不同温度下的应力—应变曲线试验，发现随着试验温度的提高，曲线渐趋扁平，峰点明显下降和右移，将其换算成以峰值应力和相应应变各为1的标准曲线，发现在不同温度下的曲线很接近。因此，建议高温和常温下受压应力—应变曲线采用统一的方程，其曲线上升段和下降段分别是三次多项式和有理分式。

南建林指出，在钢筋混凝土结构的高温（抗火）分析时，必须考虑混凝土所经历的不同温度—应力途径，采用合理的耦合本构关系，才能得到准确、可信的结果。由此开展了在不同途径下的升温－加载试验，以此结果为基础给出了可供一维结构（如梁、柱和框架等）分析应用的耦合本构关系。

钮宏考虑了温度参数的影响，参考常温下模型的计算公式，对涉及的温度变量和系数进行修正，最终得到高温作用下混凝土的应力—应变曲线。该曲线采用在高温阶段与实际较一致、有利于理论分析和实际应用的抛物线加折线模型，上升段为抛物线模式、下降段为折线模式。

吴波对高强混凝土高温后的应力—应变关系进行了试验研究，并与马忠诚的研究成果相比较发现，高温后高强混凝土无量纲应力—应变曲线的形状与普通混凝土基本一致，但略有差别，反映在它们的下降段则有所不同，高强混凝土应力—应变曲线的下降段陡于普通混凝土的，即应力随应变增大而降低的速率大于普通混凝土，其主要原因是由于高强混凝土的脆性较大，能量释放比较集中、突然。

1.1.5 混凝土构件与结构的高温力学性能

国内外学者分别对各类构件（如板、梁、柱等）和框架结构进行了高温试验和计算分析，取得了一些成果。

1.1.5.1 高温下混凝土与钢筋的黏结强度

混凝土与钢筋之间的黏结强度随温度升高呈下降趋势，在相同升温方式下，与混凝土的抗拉强度变化规律类似，但不同钢筋、不同高温状态，其变化规律有所不同。

钱在兹做了混凝土和钢筋之间高温后的黏结强度试验和理论分析工作，并基于混凝土的高温抗拉强度给出了黏结强度的计算模型和黏结—滑移的变化规律。

朱伯龙研究了螺纹钢和光圆钢高温下及高温后与混凝土之间黏结性能的变化规律。结果表明，黏结强度在温度较低时（螺纹钢300℃、光圆钢200℃）有所提高；而在温度较高时（螺纹钢600℃、光圆钢400℃）急剧下降，高温后黏结强度不可恢复，且下降比高温中更为明显。极限滑移量随温度的升高而增大，在400℃前增长较为缓慢，随后急剧增长，高温后极限滑移量比高温中更大。

混凝土与钢筋之间的黏结力主要由化学结合力、摩擦力以及机械咬合力组成。在高温作用下,混凝土抗拉强度降低,内部出现裂缝,化学结合力随之下降,但在温度较低时,混凝土脱水收缩使摩擦力和机械咬合力增大,黏结强度下降很少,甚至提高。当温度较高时,混凝土抗拉强度大幅降低,内部裂缝进一步开展,而过度收缩加大了斜向应力和劈拉应力,黏结强度明显下降。高温后,混凝土吸水膨胀,使摩擦力和机械咬合力减小,黏结强度进一步下降,极限滑移量也进一步增加。

1.1.5.2　混凝土板式构件的高温力学性能

Shirley 的研究表明,在火灾(高温)下,楼板是结构最薄弱的部位,钢筋保护层厚度显著影响板的抗火性能。对于高强混凝土板,在未发生爆裂的情况下,其耐火极限与普通混凝土板差别不大。

Chan 对板的高温后残余抗压强度进行了研究,发现火灾高温后板内各点的残余抗压强度呈现出与板内温度场有关的空间分布。

Huang 通过厚板理论和有限元方法对钢筋混凝土板的抗火性能进行了非线性研究,考虑的因素有热膨胀、开裂和热工性能的变化。

陈礼刚对钢筋混凝土三跨连续板受火性能的试验表明,火灾下钢筋混凝土连续板的破坏形态和常温下不同,边跨受火时塑性铰出现在负筋截断处。

1.1.5.3　混凝土梁式构件的高温力学性能

Khoury 发现,钢筋混凝土简支梁在火灾高温下会产生与常温下完全不同的横向裂缝和龟状裂缝;火灾时荷载大小对挠度反应有很大的影响。

Church、Ellingwood 对各种截面形状的钢筋混凝土简支梁的耐火性能进行了试验研究。结果表明,梁的耐火时间随荷载水平的增加逐渐缩短,耐火能力随受火面积的纵向配筋率增大而提高,耐火性能随保护层厚度的适当增大而提高,并随受火面积的增大而降低。

陆洲导、时旭东等分别对钢筋混凝土简支梁进行了一系列抗火试验研究。结果表明,梁的高温极限承载力与温度—荷载途径有关,在恒载升温时最大、恒温加载时最小;三面加温梁的裂缝、挠度增长最严重,两面加温梁次之,一面加温梁的裂缝、挠度增长最慢;受拉区高温承载力和刚度随温度升高而严重下降,降温后大部分可恢复,受压区高温承载力降幅有限。

王春华认为,常温时的高配筋率适筋梁在高温后可能发生超筋破坏;梁的配筋率越高,高温后承载力降幅越大。

Huang 利用条块法,考虑断面尺寸、保护层厚度和加载方式的影响,对钢筋混凝土梁的抗火性能进行了非线性有限元分析。

时旭东等对高温下钢筋混凝土两跨连续梁的受力性能进行了试验研究。结果表明,高温下连续梁的破坏过程比简支梁缓慢;塑性铰出现的位置和破坏机构与常温时相同,但出现次序恰好相反;单跨加温连续梁,由于中间支座截面的转动使加温跨的跨中弯矩增加,故比双跨加温连续梁的承载力稍低。

1.1.5.4　混凝土柱式构件的高温力学性能

Lie 等、钮宏分别对四面受火柱进行了系统研究。结果表明,骨料种类对柱的抗火性能影响显著,钙质骨料混凝土柱的抗火性能最好,轻骨料混凝土柱次之,硅质骨料混凝土柱最低,且对偏压柱的影响更大;端部约束条件可显著提高偏压柱的抗火性能,但对轴压柱的影响不大;适当增大混凝土保护层厚度可提高大偏压构件的抗火性能,但保护层过厚,由于混凝土可能崩落,反而更加不利;混凝土强度等级的提高和纵向钢筋配筋率的增加对轴压柱的抗火性能无显著改善;提高含水率和增大截面尺寸可提高柱的耐火极限;粗柱为受压破坏,细柱则是侧向变形过大而破坏。

时旭东等对三面受火受压构件进行了系统研究。结果表明,三面受火柱的破坏形态与常温下截然不同,构件内部出现不均匀温度场,使截面的强度中心与几何中心一般不再重合,而是偏向低温侧,常温下的轴压柱实际已处于偏压状态,最后呈现出与常温不同的小偏心受压破坏,且侧向极限变形较大;偏压柱在高温时受力性能恶化,开裂和变形增大,承载力下降;恒载升温柱比恒温加载柱的抗火性能要好。

Terro 根据试验与非线性理论分析成果,明确提出了柱的抗火设计计算方法,可直接服务于工程实践。Dotreppe、Kodur、Tan、杨建平等也分别提出了高温下钢筋混凝土柱承载力的简化计算方法。

1.1.5.5 混凝土框架结构的高温力学性能

姚亚雄、时旭东、Beeker、袁杰等分别对框架性能进行了试验研究。结果表明,高温下框架结构容易发生剪切破坏和节点区受拉破坏;与连续梁相比,框架破坏过程更缓慢,但宏观破坏现象更严重;温度越高,结构变形和开裂就越严重,热膨胀的影响越显著;梁柱在高温下产生较大的弯曲和轴向变形,该变形受到周围常温构件的约束而产生很大的附加内力;框架结构极限强度随恒载水平的增大而减小,随梁柱刚度比的增大而减小;在高温作用下,框架结构塑性铰出现的次序、破坏机构类型发生改变;恒载值较大的框架在升温过程中变形明显增大。

1.1.6 高性能混凝土的高温性能

在配置高性能混凝土时,通常会利用高效减水剂来降低水灰比,为了使其微观结构更加密实,有时还掺加硅粉、矿渣微粉等矿物掺和料,因此高性能混凝土的渗透性低于普通混凝土。由于配合比和组分上的不同,造成了高温下高性能混凝土与普通混凝土存在着一定的差异。国内外学者针对高性能混凝土的高温性能也做了大量的研究。

1.1.6.1 高性能混凝土的高温力学性能

Scott、Khoylou、Raunschweig 等认为,高性能混凝土强度随温度的损失可分为三个阶段,温度从室温升到 $100 \sim 300 \, ℃$ 期间为第一阶段,即强度的初始损失阶段,在这一阶段,高性能混凝土强度随温度升高而衰减,高性能混凝土的衰减程度比普通混凝土高,且混凝土强度越高衰减损失越大;与普通混凝土一样,在强度初始损失到一定阶段,由于混凝土内的胶凝体失去自由水而收缩,加强了胶体与骨料间的咬合力致使强度有所回升,有时甚至超过混凝土在室温时的原始强度,这种回升一般在 $400 \, ℃$ 左右达到顶峰,与普通混凝土相比,高性能混凝土所达峰值更高,且峰值随强度的升高而升高,有的峰值可达 113% 之多,这一阶段即为第二阶段——强度的恢复阶段。一旦强度回升达到峰值,紧接着就进入了第三阶段——强度的永久损失阶段,在这一阶段,高性能混凝土强度的衰减及宏观表现都与普通混凝土相差很大。

朋改非研究了高强混凝土不同的冷却方式下抗压、抗折等残余力学性能,发现采用浸水和洒水(30 min 或以上)这两种冷却方式会对混凝土产生"热冲击",从而造成混凝土的抗压强度、抗折强度和断裂能严重衰减。

Castillo 指出,在高温下高性能混凝土的弹性模量随温度的变化规律与普通混凝土相似,弹性模量值随温度升高持续降低。100 ~ 300 ℃范围内弹性模量降低较少,超过 300 ℃后弹性模量急剧下降,其损失比强度损失更大,800 ℃时弹性模量仅为常温时的 20% ~ 25%。

孙伟对 3 个系列高性能混凝土的高温力学性能进行了试验研究,并与普通混凝土进行了对比。结果发现,在经历 800 ℃和 1 100 ℃高温后,高性能混凝土剩余抗压强度分别为室温下其强度的 25% ~ 35% 和 8% ~ 12%,故认为抗压性能的衰减主要发生在 800 ℃以下;与普通混凝土相比,高性能混凝土的孔隙率有十分明显的增大,并认为这是高性能混凝土的强度在高温下衰减更为显著的一个重要原因,累积孔径分布也有明显的变化,且当混凝土出现烧结现象后其强度不再由孔隙率确定,这也不同于常温下的情况。

胡海涛研究了高温下与高温后高强混凝土的力学性能,并与普通混凝土进行了比较。结果发现,高强混凝土高温后的抗压强度比高温时下降更快,相较于普通混凝土,高强混凝土具有更大的强度损失率,这一点在常温至 450 ℃的范围内表现更为突出;混凝土的刚度随加热温度和高温下暴露时间的增加单调下降,弹性模量和泊松比在 400 ℃以下下降较慢、400 ℃以上下降较快。

何振军通过划分常温、200 ~ 600 ℃六个温度等级研究了高温后高强高性能混凝土的双轴抗压性能。结果发现,单轴压减摩强度不一定随着温度的升高而降低,双轴压强度相对于单轴压强度提高,其提高倍数取决于应力比、不同温度等级后的高强高性能混凝土硬脆性,并提出了带有温度和应力比参数的 Kuper – Gerstle 破坏准则。

李丽娟对 100 MPa 高强混凝土高温后性能进行了研究,并运用扫描电镜(SEM)观察了高温后水泥净浆的微观结构变化。结果发现,高强混凝土在 500 ℃高温作用下会发生爆裂现象,且爆裂随温度的升高而加剧;高强混凝土的抗压强度、抗折强度和劈裂拉伸强度均随温度的升高而逐渐变小;随着温度的升高,高强混凝土的微观结构逐渐变差,主要表现为结晶水丧失、水泥水化物发生分解。当温度达到 800 ℃后,结晶水全部丧失,水泥水化物全部分解,结构变得疏松。

Behnood 研究了硅灰掺量在 6% 和 10% 的高强混凝土的高温性能,发现其强度衰减率低于普通混凝土,温度在 300 ℃以上时硅灰的掺量对混凝土剩余强度有显著影响。

肖建庄对矿渣高性能混凝土高温后的受压本构关系进行了试验研究,结论如下:①高温后高性能混凝土的应力—应变曲线形状与普通混凝土常温下的相似,可采用温度修正参数的统一表达式来表示,并通过回归分析,给出了参数与温度的关系式。②由于水分蒸发产生空隙与微裂缝使材性变得疏松,应力—应变全曲线的上升段直线形式不明显,略呈 S 形,不像常温下普通混凝土具有明显的弹性阶段。③温度越高,高性能混凝土在应力初期的变形越快,说明高温更易造成高性能混凝土的力学性能损伤,表现为材质疏松和刚度退化。④峰值应力随受火温度的升高而降低,比普通混凝土受温后下降趋势更明显,且在 400 ℃以下峰值应力下降较明显,这一点与多数文献所描述的不同;峰值应变随受火温度的升高而增大;割线模量和切线模量均随受火温度的升高而降低,且下降趋势在400℃以下非常明显。⑤在应力达峰值应力之前,高温后高性能混凝土横向应变增长不大,之后则迅速增长,温度越高,横向增长越快;随温度的升高,试件破坏由纵向受压产生主裂缝破坏逐渐转为横向膨胀而破坏。

1.1.6.2 高性能混凝土的高温爆裂

爆裂是指在受火急热等高温环境下,混凝土表面局部或整体发生剥落破坏的现象,同时常伴有劈啪响亮的声音,爆裂后混凝土表面出现肉眼可辨的明显"凹坑"。爆裂对高性能混凝土的破坏是灾难性的,它会使钢筋表面保护层脱落,令钢筋直接暴露在高温下而快速软化屈服,并使构件的有效截面面积减小。

混凝土在高温下爆裂是一个多因素、多水平作用的复杂问题,不仅与温度、渗透性、含水率、材料非均匀性、组分构成、约束条件等因素密切相关,而且与它们之间的相互作用联系密切。对于爆裂机制的认识迄今尚未统一,主要的两种观点即蒸汽压机制与热应力机制。

1. 蒸汽压机制

这一理论认为,混凝土体内所含的水分受热蒸发成水蒸气,水蒸气无法及时扩散排出,从而在混凝土内部产生了蒸汽压,蒸汽压随温度的升高而增大,当累积到一定数值时,即引发了爆裂。目前,这一理论为大多数研究者所接受。

Harmarthy 和 Smith 分别提出了"饱和塞"的概念,并用于分析孔隙压力诱发的混凝土爆裂。随着温度的升高,孔隙水以液态和气态方式开始扩散,一部分水蒸气向外迁移释放到空气中;另一部分水则向混凝土内部迁移,在内部温度比较低的区域凝结形成饱和水层,此时由于混凝土的低渗透率和饱和水层限制了孔隙压力驱动的变形,从而产生爆裂。

Kalifa 通过试验测定了温度变化率与孔隙压力的关系,并提出了在普通混凝土和高强混凝土之中存在准饱和层,这一观点支持了"饱和塞"理论。

朋改非研究了掺加硅灰的高性能混凝土的高温爆裂性和抗火性,认为混凝土高温爆裂的两个主要因素是湿含量与强度,其中湿含量对爆裂的发生具有支配作用,高温爆裂对湿含量和强度等级的依存关系证明爆裂发生的机制是由于蒸汽压的形成。

王珩等也认为,蒸汽压确实是引起高强混凝土爆裂的主要因素。

Chaboche 的研究结果表明,高性能混凝土大范围爆裂发生时试件所处的外部环境温度一般为300~800℃,而爆裂发生处的温度介于190~250℃。

Phan 采用不同的加热速率研究了高强混凝土的爆裂,发现加热速率在5℃/min时高强混凝土突然发生爆裂,而加热速率在25℃/min时高强混凝土没有发生爆裂,并认为,与蒸汽压相关的孔压力的发展对爆裂有明显的影响。

2. 热应力机制

这一理论认为,由于混凝土的热惰性,混凝土内部热量的不均匀传导形成了温度梯度,从而在混凝土内部产生了两向或者三向热应力,随着温度的升高,热应力不断增长,最终形成比混凝土自身抗拉强度更高的拉应力而导致爆裂的发生。

Bazant 于1997年提出了混凝土爆裂的脆性断裂成因假设,认为在混凝土被加热的内表面,受到约束热膨胀引发的高应力导致裂缝的形成,而裂缝周边水和水蒸气不能立刻补充到裂缝形成的新空间,使裂缝区内孔隙水(汽)压力立刻跌到一个极低值。因此,孔隙水(汽)压力只是混凝土爆裂的"触发"因素,并不能使裂缝扩展,进而使混凝土爆裂,混凝土爆裂的发生只能源自热应力产生的势能。为了验证该假设,Bazant 等随后又提出了基于塑性力学和材料科学理论的塑性软化模型,这一模型引入了混凝土的水化物残余量,考虑了高温引起的材料力学属性下降。在有限元计算基础上的模拟研究表明,热膨胀受到约束是高温爆裂产生的本质因素。

但这一理论存在较大争议,如孙伟就认为由温度急剧变化所引起的热应力不是造成高性能混凝土在高温下表面崩裂甚至爆裂的主要原因。

3. 其他理论

还有观点认为,混凝土的爆裂是由内部孔压力和热应力共同作用引起的。D. Gawin 等采用多孔多相介质建立了混凝土在高温下的物理化学微观模型(Padua Model),并利用该模型对混凝土的高温爆裂进行了分析,结果发现爆裂现象的产生是由内部孔压力的建立及因热应力而产生的弹性变形能共同作用的结果。同时,作者提出应将混凝土的随机特性引入模型中进行爆裂预测,并在模型中考虑各种因素的耦合作用对混凝土的高温化学反应、高温损伤及渗透性等进行了分析研究。

此外,傅宇方等总结了混凝土爆裂产生的影响因素、成因机制及试验和理论研究的进展状况,提出了热开裂学说,强调基质和骨料热变形不匹配以及温度梯度所诱发的裂缝对混凝土爆裂的影响,并认为应当重点研究温度梯度、孔隙水(汽)压力和热开裂三者的耦合作用,深入研究热损伤和热开裂状态下混凝土内部温度梯度和孔隙水(汽)压力梯度演化规律及其对混凝土爆裂的影响。

这些观点对混凝土发生爆裂的原因做了定性的描述,虽然还不能准确地描述高温爆裂机制,但对于认识混凝土爆裂的本质还是有非常积极的作用的。

回顾已有的研究成果,高性能混凝土高温性能特点可以总结为以下几点:

(1)高温使高性能混凝土的强度呈衰减趋势。高温下相继可见初始衰减、略微回升和永久损失三阶段。高温作用冷却后则持续衰减无回升阶段。变化的起始温度、幅度随龄期、含湿量、组分而异。总的来看,高性能混凝土强度变化趋势同普通混凝土,只是相对更为剧烈。

(2)高温对高性能混凝土弹性模量的影响与普通混凝土相似,由缓慢下降渐转为骤然下降。一般认为,高性能混凝土的弹性模量在 200 ℃内无太大差别,在 200 ~ 400 ℃间略有下降,400 ℃后显著衰减。

(3)高温下高性能混凝土较易发生表层爆裂。一般认为,爆裂是由热应力和蒸汽压引起,多数学者认为后者起主导作用。

1.2　纤维混凝土及其高温性能研究现状

纤维增强混凝土(fiber reinforced concrete, FRC)简称纤维混凝土,是以水泥浆、砂浆或混凝土为基材,以金属纤维、无机非金属纤维、合成纤维或有机纤维为增强材料组成的一种水泥基复合材料。

1.2.1 纤维混凝土研究现状

1.2.1.1 纤维混凝土分类

纤维混凝土按照不同的分类方法可以分为以下几种。

1. 按纤维种类分类

1）金属纤维增强混凝土

金属纤维增强混凝土主要有普通钢纤维混凝土（SFRC）、流浆浸渍纤维混凝土（SIFCON）、流浆浸渍钢纤维网混凝土（SIMCON）。

2）无机纤维增强混凝土

天然矿物纤维增强水泥基材料，如石棉纤维增强水泥基材料（AC）；人造矿物纤维增强水泥基材料，如玻璃纤维增强混凝土（GFRC）；碳纤维增强水泥基材料（CFRC）；陶瓷纤维增强水泥基材料（CeFRC）。

3）有机纤维增强混凝土

天然有机纤维增强水泥基材料，如木纤维增强水泥基材料（WFRC）、竹纤维增强水泥基材料（BFRC）、剑麻纤维增强水泥基材料（SIFRC）等。

合成有机纤维增强水泥基材料，如聚丙烯纤维增强水泥基材料（PPFRC）、芳纶纤维增强水泥基材料（KFRC）、尼龙纤维增强水泥基材料（NFRC）、聚乙烯纤维增强水泥基材料（PFRC）、丙烯酸纤维增强水泥基材料（AFRC）等。

2. 按纤维体积率分类

（1）低纤维体积率（$V_f < 1\%$），如采用聚丙烯纤维、尼龙纤维增强的混凝土。

（2）中纤维体积率（$V_f = 1\% \sim 3\%$），如普通钢纤维增强混凝土（SFRC）。

（3）高纤维体积率（$V_f = 5\% \sim 25\%$），如石棉水泥、玻璃纤维增强混凝土、高性能纤维增强混凝土等。

3. 按纤维配置方式分类

（1）连续长纤维（或网布）增强水泥基材料，如 GFRC、CFRC 和 KFRC，连续纤维呈一维、二维定向分布，纤维增强树脂筋增强混凝土也属于此类。

（2）乱向短纤维增强水泥基材料，如 AC、SFRC、GFRC（喷射法制）、CFRC 和 KFRC，纤维呈二维、三维乱向分布。

（3）连续长纤维与乱向短纤维复合增强水泥基材料。

（4）不同尺度、不同性质的纤维混杂增强水泥基材料。

4. 按纤维增强混凝土的性能分类

（1）普通纤维增强水泥基材料，如 SFRC 和 GFRC 等。

（2）高性能纤维增强水泥基材料，如 SIFCON、SIMCON 和纤维增强活性细粒混凝土（RPC）等。

（3）超高性能纤维增强水泥基材料，如纤维增强高致密水泥基均匀体系（FRDSP）、纤维增强宏观无缺陷水泥（FRMDF）等。

1.2.1.2　纤维混凝土国外研究现状

1. 钢纤维混凝土国外研究现状

1910 年,美国的 H. F. Porter 就提出过将短钢纤维掺入水泥和混凝土中以提高其抗拉力,发表了关于钢纤维混凝土的第一篇论文。1911 年,美国的 Graham 则提出将钢纤维加入普通钢筋混凝土中。以后的几十年中,英、美、法、德、日都相继开展了钢纤维混凝土的研究,申请了一些专利,但由于纤维对混凝土的增强机制没有一个合理的解释而进展不大。直到 1963 年 J. P. Romualdi 等首先通过系列研究讨论了钢纤维约束混凝土裂缝开展的机制,提出了基于断裂分析的纤维间距理论,为钢纤维混凝土的实用化开辟了道路。R. N. Swamy 和 A. E. Naaman 等则对钢纤维混凝土的增强机制提出了复合材料强化法则。随着钢纤维混凝土的推广应用,美国混凝土学会根据需要增设了专门的纤维混凝土委员会(ACI544),国际标准化协会也增设了纤维水泥制品技术标准委员会(ISOTC77)。为了增加各国之间的交流,编制钢纤维混凝土统一的试验方法标准和设计施工规程,推广钢纤维混凝土的应用。1973 年,在加拿大渥太华举办了“纤维混凝土国际研讨会”;1975 年,在伦敦由国际材料及结构试验联合会主办召开了“纤维水泥与混凝土国际研讨会”;1984 年,ACI544 在 Detroit 举办了“纤维增强混凝土研讨会”;1985 年,在瑞典 Stockholm 举办了“纤维增强混凝土性能与应用研讨会”;1989 年,在英国威尔士大学举办了“纤维增强水泥与混凝土最新发展国际会议”;1990 年,在美国麻省 Boston 举办了“纤维增强水泥及材料研讨会”;1991 年,在法国 Stuttgart 大学举办了“高性能纤维水泥复合材料研讨会”;1995 年,在美国 Michigan 大学举办了“第二届高性能纤维水泥复合材料国际研讨会”;1997 年,在中国广州举办了“纤维水泥及纤维混凝土国际会议”。通过这些会议的交流和讨论,美国和日本先后制定了《纤维混凝土分类、拌和及浇筑成型指南》,并于 1993 年进行了修订。日本土木工程学会和混凝土协会先后制定了《钢纤维混凝土设计指南》和《纤维混凝土试验方法标准》。许多专家学者也对钢纤维混凝土的基本强度和基本变形特性进行了大量试验研究,对钢纤维混凝土的断裂性能和疲劳特性也开展了部分试验研究。Karayannis、Chris G. 通过试验方法进行了受扭钢纤维混凝土梁的非线性分析,预测了受扭钢纤维混凝土梁的力学性能;Almansa、Eduardo Moreno 研究了受抛射体作用的素混凝土和钢纤维混凝土的力学性能;Teutsch、Manfed 等研究了钢纤维混凝土格梁墙的承载能力和变形性能;Traina、A Leonard 等研究了素混凝土和钢纤维混凝土的轴向强度和变形性能;Bayasi、Ziad 则对钢纤维混凝土梁柱节点的抗震性能进行了研究。

2. 聚丙烯纤维混凝土国外研究现状

20 世纪 60 年代中期,Goldfein 研究用合成纤维做水泥砂浆增强材料的可能性,发现尼龙、聚丙烯与聚乙烯等纤维有助于提高砂浆的抗冲击性。Zollo 等试验结果表明,若在混凝土中掺加体积率为 0.1% ~ 0.3% 的聚丙烯纤维时,可使混凝土的塑性收缩减少12% ~25%。20 世纪 70 年代初,美、英等国已经开始将聚丙烯单丝纤维用于混凝土制品与工程中。20 世纪 70 年代中期,美国成功开发了聚丙烯膜裂纤维,研究发现使用这种纤维不仅有助于降低单丝的直径,并且可以使纤维的体积率减小到 0.1% ~ 0.2%。20 世纪80 年代初,美国若干公司通过表面处理技术开发成功可均匀分布于混凝土中的直径为23 ~62 μm 的聚丙烯纤维,在纤维体积率为 0.05% ~ 0.2% 时即有明显的抗裂和增韧效果。目前,美国所用混凝土总量中合成纤维混凝土约占7%,而钢纤维混凝土只占3%左右。

20世纪90年代初,在美国本土生产、能够应用于纤维混凝土的有机纤维透过商业渠道流入中国,成为纤维混凝土在中国应用的契机。聚丙烯纤维在国外已得到广泛应用。在美国的高层建筑楼面、高速公路路面、载荷较大的仓库地面、停车场等结构中已得到广泛应用。在北美和欧洲,聚丙烯纤维增强混凝土已在高速公路扶栏、路面、机场、铁路枕木、桥梁桩基、高楼建筑、广场地面、码头、网球场、地下建筑、蓄水池、水库、水坝、河流建筑中等得到应用,海底输油管通常涂上纤维改性的增强水泥涂层,在防海水腐蚀的同时可提高海底输油管道的抗冲击能力。

3. 混杂纤维混凝土国外研究现状

纤维混杂与混杂纤维增强复合材料溯源于20世纪60年代后期,并最先用于树脂基复合材料,后来逐渐向水泥基材料发展。混杂纤维增强混凝土(HFRC)的基本原理是将两种或多种纤维增强材料合理组合加入混凝土基材中,产生一种既能发挥不同纤维优点,又能体现它们之间协同效应的新型复合材料,可明显提高或改善原先单一纤维增强复合材料的若干性能,并可降低成本。广义上从纤维品质角度出发,纤维混杂基本可分为两大类:一类是同种品质、不同几何形态纤维混杂;另一类是不同品质、不同几何形态纤维混杂。从纤维混杂相的个数角度来分,又分为二元混杂、三元混杂以及三元以上的多元混杂。以下为几种较为常见的纤维混杂形式。

1) 高弹性模量和高延性纤维混杂

高弹性模量纤维可以明显提高混凝土的初裂和最大荷载,高延性纤维则可明显改善混凝土的韧性和延性。这两种纤维在一定比例范围内混杂可以起到明显的增强与增韧效果。目前,研究较多的是钢纤维、碳纤维、玻璃纤维等高弹模纤维与聚丙烯纤维、乙纶、丙纶等低弹模延性较高的合成纤维混杂。

2) 不同尺度(l_f、d_f)纤维混杂

不同尺度(长度l_f和直径d_f)和直径纤维对混凝土不同结构和尺寸层次进行改性,微细纤维主要起着对水泥基材的增强作用,阻止和延缓微裂纹在基材中的扩展;当基材局部产生大裂纹,微纤维在基材中被拔出而难以制止大裂纹时,大纤维则因其被拔出需消耗更大的能量而能够起到阻止大裂纹的扩张,从而改善混凝土的延性。姚武等的试验结果表明,细小的碳纤维和较为粗大的钢纤维在低掺量下混杂,混凝土的力学性能和韧性都得到了显著改善。碳纤维起到了改善水泥净浆或砂浆性能的作用,钢纤维则提高了砂浆和混凝土的性能。孙伟等的试验结果表明,三种不同尺度、同一性质的钢纤维混杂较单掺一种钢纤维的混凝土,在阻裂、减少收缩、提高抗渗性能等方面均有明显的效果。

3) 不同耐久性能纤维混杂

耐久性较差的纤维可以用于保证在运输和安装等短期的性能,耐久性好的纤维则可以用于提高混凝土在反复荷载作用下的强度和韧性。聚丙烯纤维在混凝土的碱性环境下非常稳定,它能推迟混凝土的表面劣化,提高耐久性,在自然条件下存放10年没有发现有害的变化,且延性和断裂能随时间增加而增加。玻璃纤维抗碱能力差,纤维骨架中的SiO_2易与混凝土中的CH发生反应,导致纤维强度损耗殆尽。XU Guodong等研究发现,玻

璃纤维与聚丙烯纤维混杂水泥基材料与单一纤维水泥基材料的抗拉强度相比有显著提高,同时由于掺加了聚丙烯纤维使玻璃纤维保持最大应力的应变增加,韧性显著增加,在某一应变下的裂缝宽度也比单一聚丙烯纤维水泥基材料小。

在国外,20 世纪 70 年代中期 Walton 与 Majumdar 最先进行了用两种不同性质的纤维制造混杂纤维增强水泥基复合材料的试验研究,其后有更多的研究者开展了这方面的试验研究。P. Sukontaukku 研究了不同纤维体积掺量下,钢纤维–聚丙烯纤维混杂混凝土的受拉性能,试验结果表明,混杂纤维混凝土综合了钢纤维混凝土具有较高的初裂荷载和最大荷载的优点,以及聚丙烯纤维混凝土优越的延性和韧性。近年来,Soroushian 与 Elyamany、Qian 与 Stoeven、Banthia 与 Nandakumar 应用断裂力学对此类复合材料进行了研究,包括混杂纤维增强水泥基材料的混杂效应机制、不同尺度与性能的纤维混杂的优化以及该复合材料的设计等,结果表明,混杂纤维增强混凝土的研究迄今尚处在刚刚发展的初级阶段,有待进行更深入的研究。

1.2.1.3　纤维混凝土国内研究现状

1.钢纤维混凝土国内研究现状

我国对钢纤维混凝土的研究较晚,20 世纪 70 年代后期才开展了对钢纤维混凝土的研究。最早是由中国人民解放军国防科学技术委员会和中国建筑材料科学研究院开始的;1978 年以来西安空军工程学院、大连理工大学、哈尔滨建筑大学、东南大学、郑州大学、华北水利水电学院、浙江水利水电科学研究所等高等院校和科研单位进行了大量关于钢纤维混凝土基本力学性能及其结构性能的研究,同时对现场的施工工艺进行了研究。1986 年,第一届全国纤维水泥制品与纤维混凝土学术会议在大连召开,自此以后国内有关钢纤维混凝土的试验和应用研究逐渐活跃,截至目前先后召开了第十一届。1991 年,在大连成立了"中国土木工程学会混凝土及预应力混凝土学会纤维混凝土委员会"。为了更好地推动钢纤维混凝土的发展,中国工程建设标准化协会分别于 1989 年和 1992 年先后批准实施了《钢纤维混凝土试验方法》(CECS13:89)和《钢纤维混凝土结构设计与施工规程》(CECS38:92),并于 2004 年将《钢纤维混凝土结构设计与施工规程》修订为《纤维混凝土结构技术规程》(CECS38:2004)。黄承逵在总结多年来我国对钢纤维混凝土结构的应用和科研所取得成就的基础上,配合《纤维混凝土结构技术规程》(CECS38:2004)的应用编写了《纤维混凝土结构》一书。

2.聚丙烯纤维混凝土国内研究现状

国内关于聚丙烯纤维混凝土的研究起步较晚,而且是随着国外聚丙烯纤维在国内重大工程中的大规模应用开始的,20 世纪 80 年代中期国内开始引进应用。1993 年,中国建筑材料科学研究院沈荣熹研究了低掺量合成纤维在混凝土中的作用机制,归纳总结出合成纤维作为混凝土增强材料的特点,明确指出低掺量合成纤维在混凝土中具有阻裂作用和增韧作用。天津市市政工程研究院曹诚、王春阳等的研究表明,聚丙烯纤维能有效降低混凝土塑性裂缝的宽度,随着纤维细度和掺量的增大,能进一步降低混凝土中纤维的间距,增强阻裂效应。大连理工大学戴建国等研究了低弹模纤维混凝土的剩余弯曲强度问题,说明聚丙烯纤维不仅可以防止塑性收缩裂缝,而且可以改善结构的延性和韧性。

我国研制并开发出的改性聚丙烯纤维混凝土已在上海、广州等许多建筑工程中得到应用,目前这种趋势还在迅猛发展。

3. 混杂纤维混凝土国内研究现状

在国内,对混杂纤维增强混凝土的研究是从 20 世纪 90 年代中期开始的。石家庄铁道学院华渊等研究了碳纤维－聚丙烯纤维(C-PHFRC),钢纤维－聚丙烯纤维(S-PHFRC)的混杂增强混凝土,试验结果表明,C-PHFRC 和 S-PHFRC 的抗渗性、抗冻性均明显高于基准混凝土,且在一定范围内随纤维体积率的增大,HFRC 耐久性得到进一步的改善,并建立了疲劳损伤模型。东南大学孙伟等选用不同尺度的钢纤维、高弹维纶纤维和低弹聚丙烯纤维,按二元或三元混杂来增强水泥基复合材料,系统研究了其收缩与抗渗性能并提出了相应的机制。试验发现,混杂纤维有效提高了混凝土阻裂和收缩能力,明显改善了混凝土的抗渗性能。同济大学姚武等研究并讨论了碳纤维－钢纤维混杂对高性能混凝土力学性能的影响,混杂纤维混凝土的抗压强度、抗拉强度、断裂能和抗弯韧性得到显著提高,其中韧性指数提高了 200%,断裂能提高了 21 倍。邓宗才的研究发现钢纤维－聚丙烯腈纤维混杂后梁弯曲疲劳性能比单独采用一层纤维或单独采用聚丙烯腈纤维增强混凝土效果好,能节约成本、延长寿命,是理想的路面结构形式。东南大学的焦楚杰等对聚丙烯纤维和钢纤维混杂增强高强混凝土(P-SFRHSC)的弯曲性能进行的试验研究,结果表明 P-SFRHSC 在初裂强度、抗弯强度、刚度与韧性方面不仅显著优于普通高强混凝土,而且优于钢纤维高强混凝土,是一种具有推广应用价值的土木工程复合材料。

1.2.1.4 纤维混凝土增强机制

研究纤维混凝土的增强机制,是提高纤维对混凝土增强、增韧和阻裂效应,从本质上改善其物理、力学、化学性能,并造就材料新性能的理论基础,也是进行纤维混凝土性能设计的依据。只有机制弄清楚了,才能建立起性能设计和结构设计的科学方法,并达到充分发挥纤维混凝土基体复合效应的目的。

现有纤维混凝土的基本理论,是在纤维增强塑料、纤维增强金属的基础上运用和发展起来的。由于钢纤维混凝土的组成与结构的多项、多组分和非均质性,加以钢纤维的"乱向"与"短"的特性,它比纤维增强塑料等要复杂得多,如何能使增强机制充分体现其自身特性,仍在不断探讨、完善和发展之中。对纤维混凝土增强机制的现阶段研究主要依据两种理论:一种是运用复合材料力学理论(混合率法则);一种是建立在断裂力学基础上的纤维间距理论。所有其他理论均可认为是以这两个理论为基础经综合完善而发展起来的。当今的研究又进一步深化到界面细观结构和由此而产生的界面效应、纤维混凝土微观结构与宏观行为的关系等。

1. 复合材料力学理论(混合率法则)

复合材料力学理论用于分析纤维增强、增韧和其他复合材料时是将复合材料视为多相体系,钢纤维混凝土简化为纤维为一相、混凝土为一相的两相复合材料。复合材料的性能为各相性能的加和值。最先将该理论用于钢纤维混凝土的有英国的 R. N. Samy、P. S. Mangat、D. C. Hannant,美国的 A. E. Naaman 等。

该理论将纤维混凝土视为纤维强化体系(将纤维作为增强材料),应用复合材料混合定律推论纤维混凝上的应力、弹性模量和强度等,并结合纤维混凝土复合材料的特殊性,将复合材料沿外荷方向有效纤维体积率的比例、非连续性短纤维长度和取向修正以及混凝土的非均质特性等一起加以考虑,即将纤维混凝土的力学性能与纤维的掺入量、纤维取向、长径比及纤维与基体黏结力之间的关系结合起来加以考虑。

在混凝土基体开裂前的线弹性范围内,对纤维乱向分布的混凝土的应力—应变关系表示如下:

$$\sigma = \eta\sigma_f V_f + \sigma_m V_m \tag{1-26}$$

其中　　　　　　　　　　　　$\eta = \eta_0 \eta_f, \quad \eta_f = \dfrac{l_f}{2l_{fc}}$

混凝土受轴向拉应力作用,当乱向短纤维混凝土材料的变形达到混凝土基体的开裂应变时,混凝土应力达抗拉强度,纤维应力变为 $\sigma_f = E_f \varepsilon_{tu}$,因纤维长度小于临界长度,于是纤维被拔出。由复合材料理论基体开裂所对应的荷载就是复合材料的破坏荷载,即

$$f_{ft} = \eta E_f \varepsilon_{tu} V_f + f_f V_m \tag{1-27}$$

在线弹性范围内,式(1-27)的计算值与纤维混凝土抗拉强度的试验值相差较大,计算值明显偏小。根据复合材料理论,乱向短纤维混凝土抗拉强度的计算公式为

$$f_{ft} = f_t(1 - V_f) + \eta_0 \tau \frac{l_f}{d_f} V_f \tag{1-28}$$

2. 纤维间距理论

纤维间距理论由 J. P. Romualdi 和 J. B. Batson 于 1963 年提出。该理论建立在线弹性断裂力学的基础上,认为混凝土内部有尺度不同的微裂缝、孔隙和缺陷,在施加外力时,孔、缝部位产生大的应力集中,引起裂缝的扩展,最终导致结构破坏。在脆性基体中掺入钢纤维,提高了混凝土的抗拉强度,缩小与减少了裂缝源的尺度和数量,缓和了裂缝尖端应力集中程度,在复合材料结构形成和受力破坏的过程中,有效地提高了复合材料受力前后阻止裂缝引发与扩展的能力,达到纤维对混凝土的增强与增韧目的。Romualdi 从顺向连续纤维增韧、增强混凝土入手,假定纤维沿拉力方向以棋盘状均匀分布于基体中,纤维间距为 S,裂缝半径为 a,裂缝发生在纤维所围成的区域中心。在拉力作用下,与裂缝邻接的纤维周围将产生如图 1-2 所示的黏结应力 τ 分布图形,黏结应力 τ 对裂缝尖端产生一个反向的应力,从而降低裂缝尖端的应力集中程度,纤维对裂缝的扩展起约束作用。

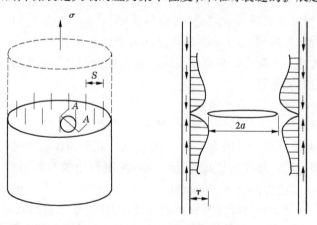

图 1-2　Romualdi 的纤维约束模型

Romualdi 对定向钢纤维试件进行了抗折与劈拉试验,进一步提出钢纤维混凝土的增强与增韧能力由纤维的平均间距控制的观点,后来又将这一概念用于均匀分布的乱向短纤维增强混凝土中,并进行了试验研究,其试验结果和理论分析十分接近,进一步论证了纤维间距理论的可靠性。

然而 S. P. Shah、C. D. Johnson 等对纤维间距理论提出了争议,他们的试验结果表明,纤维间距对复合材料强度几乎没有什么影响,强度比与纤维间距的关系基本成一水平直线,与 Romualdi 的试验有较大出入;D. J. Hannant 也持有相同的观点。两种不同观点的争议,其实质应在于分析问题的思路和方法不同。虽然纤维间距的大小直接影响复合材料阻裂能力的高低和纤维对混凝土基体强化与韧化的程度,但它的影响作用既不是唯一的,也不是孤立的,而是与众多因素密切相关的。

Romualdi 等第一次应用断裂力学理论来研究纤维对混凝土的增强机制,开辟了新的理论研究领域,促进了钢纤维混凝土的发展。其理论的新颖始终为人们所关注,并在不断的发展。例如,小林一辅的研究工作进一步促进了纤维间距理论的发展。他将钢纤维混凝土视为一种粒子型复合材料,由此提出计算钢纤维混凝土抗拉强度的公式,得出的理论计算和试验结果十分吻合,进一步论证了纤维间距与复合材料抗拉强度之间的关系,也反映了纤维间距对复合材料强度的影响不是孤立的。继 Romualdi 之后,更多的人基于纤维间距理论的基本思路,结合固体力学的基本原理,运用断裂损伤力学的观点,各取其长、互补其短,使钢纤维混凝土的增强理论与实际情况更加吻合。

1.2.2 纤维混凝土高温性能研究现状

根据对混凝土爆裂机制及高温力学性能的分析,国内外一些学者提出了一些改善混凝土高温性能的方法,其中,掺加纤维可以有效改善混凝土高温下爆裂性能和力学性能。以下将系统介绍国内外的研究成果。

1.2.2.1 钢纤维混凝土高温性能

已有研究表明,掺入钢纤维可提高混凝土高温力学性能,但对抑制高温爆裂的作用目前存在争议。

罗欣认为,引气剂、矿物外掺料、纤维的掺入对力学行为有不同的影响,其中钢纤维对高性能混凝土不同力学性能劣化的抑制作用较引气剂和矿物外掺料明显,特别是在400~600 ℃这一高性能混凝土最容易发生爆裂的温度区间。

张彦春对钢纤维掺量为 60 kg/m³ 的高性能混凝土进行最高温度分别为 100 ℃、300 ℃、500 ℃、700 ℃、900 ℃的高温试验,考察了高温后抗压、劈拉、抗折、抗剪等强度的变化情况,并将其残余抗压、劈拉强度率与素混凝土进行了对比。结果表明,钢纤维混凝土高温后的抗压、劈拉、抗折、抗剪等强度均随所受最高温的升高而下降。其中,抗剪强度下降最缓慢,最高温度不超过 500 ℃时,抗剪强度下降很小;抗压和劈拉强度分别在 500 ℃ 和300 ℃以下下降加快;抗折强度在 100 ℃后均匀下降,且损失较大。与素混凝土相比,各项残余强度均有不同程度的提高,尤其以残余抗剪强度为甚,经 900 ℃高温后,残余抗剪强度率仍在 40% 以上。作者认为,钢纤维混凝土高温后各种力学强度的损失以及其优越于素混凝土的性能,是高温后混凝土基体内部损失及钢纤维增强、增韧作用的综合结果。

Poon 分别对掺有纤维的高性能混凝土立方体试块和圆柱体试块进行了试验研究,结果表明,掺钢纤维可以明显提高高性能混凝土的残余抗压强度和弹性模量。钢纤维体积掺量为 1% 的试件在 600 ℃ 和 800 ℃ 上的残余抗压强度分别为原始抗压强度值的 50% 和 30%;而未掺纤维的试件仅为 45% 和 23%。与其他高性能混凝土相比,掺加钢纤维的高性能混凝土具有较高的弹性模量残余百分比。

董香军进行了高温后高性能混凝土预开口梁的三点弯曲试验,结果表明,高温后,高性能混凝土的弯曲性能急剧下降,温度越高,弯曲性能指标越低;钢纤维的掺量和类型是影响混凝土弯曲韧性和断裂能高低的重要因素,钢纤维掺量越高,混凝土的弯曲韧性和断裂能越高;钢纤维高性能混凝土梁的破坏形式由低温时的钢纤维被拔出转变为高温时钢纤维被拉断的脆性破坏。

赵军的研究表明,钢纤维高强混凝土高温后的抗压、抗拉和抗折强度均随温度升高有所下降,其中抗拉强度的降幅较大;在 400 ℃ 以内,抗压、抗拉和抗折强度的损失相对较小,超过 400 ℃ 时,各强度指标都明显降低。

巴恒静等研究了高温对不同钢纤维掺量的钢纤维混凝土抗拉、劈拉强度的影响,采用有限元软件 ANSYS 对混凝土加热过程中的温度场与应力场进行了分析;并利用 SHPB 试验测定了普通混凝土和钢纤维混凝土的峰值应力和弹性模量。结果表明,钢纤维混凝土高温后的抗压、劈拉强度随所受最高温的升高而缓慢下降,400 ℃ 以上下降稍快。与素混凝土相比,其残余强度率分别可提高 30% 和 20% 左右。对 600 ℃ 时钢纤维混凝土温度应力模拟结果说明,混凝土试件在加热至 400 s 时出现开裂。利用应变直测与传统的 SHPB 相结合,获得的动态应力—应变曲线显示,钢纤维混凝土的峰值应力与普通混凝土相差不大,但曲线到达峰值应力后有一个平台期,下降段比较平缓。高温对钢纤维混凝土的弹性模量影响不大。

Hertz 利用试验研究了掺加钢纤维对高强混凝土抗爆裂性能的影响。结果发现,钢纤维不但无助于高强混凝土的抗爆裂,而且随着其掺量的增加,爆裂发生的可能性还会增加。

朋改非的试验则表明,钢纤维有效提高了试件的抗爆裂性,与素混凝土试件相比,0.4% 体积掺量钢纤维爆裂后外观损伤程度明显降低,0.8% 体积掺量时可阻止发生高温爆裂,掺量增大至 1.2%、1.5% 时,均能抑制爆裂的发生,并认为钢纤维能抑制高性能混凝土的高温爆裂的实质是抑制高温裂纹扩展。

赵军认为,钢纤维的加入减轻了混凝土内部微缺陷的引发和扩展,从而使钢纤维混凝土在高温条件下表现出较好的力学性能,抵抗爆裂的能力有所提高;另外,钢纤维具有较好的热传导性能,而且在混凝土中呈三维乱向分布且互相搭接,可使混凝土在高温下更快地达到内部温度的均匀一致,减小了温度梯度产生的内部应力,减少了内部损伤,使爆裂发生的可能性降低。

Sideris 对强度分别为 82 MPa 和 94 MPa 的高性能混凝土的高温力学性能进行了研究,也得出相似结论:高性能混凝土的爆裂温度在 380 ~ 580 ℃,添加硅灰或粉煤灰会降低爆裂温度的门槛值,掺入钢纤维不能消除爆裂,但可以提高爆裂温度的门槛值。

众多研究都表明,钢纤维确实能改善高温性能,降低损伤,使温度分布更均匀,但爆裂是受众多因素影响的,高温性能的改善提高了抗爆裂能力,而热应力只是引发爆裂的因素之一,且众多研究更认同蒸汽压是爆裂的主要诱因,故降低温度应力并不能阻止爆裂的发生,只是使其概率降低,爆裂的温度提高。根据蒸汽压理论,导热性能的提高会使爆裂温度有所提高。

1.2.2.2 聚丙烯纤维混凝土高温性能

已有研究表明,掺入聚丙烯纤维可以有效地抑制高温爆裂,但对提高混凝土高温力学性能作用十分有限。

Bentz 利用"逾渗理论"解释了聚丙烯抗爆裂机制。该理论认为,在高温作用下,骨料界面会出现孔隙粗化现象,降低材料的密实性;而当无序分布的聚丙烯纤维熔化后,所形成的通道会将相邻的骨料界面连接成"筛网",为孔隙水(汽)压力释放和迁移提供空间和疏导途径;且纤维越长,越容易形成连通的通道,其抗爆裂性就越突出。

Kalifa 研究了掺有聚丙烯纤维的高性能混凝土在高温下的爆裂性能和微观结构,并对不同纤维含量的高性能混凝土进行了渗透性测量试验。结果显示,高性能混凝土内的孔压力峰值随着纤维掺量的增加而急剧下降,当聚丙烯纤维的掺从 0 增加到 3 kg/m³ 时,内部峰值压力降低了 4 倍,压力梯度降低了 2 倍,有效降低了爆裂的发生。又由于较长的聚丙烯纤维防爆的效果更好,但聚丙烯纤维的掺入会导致常温下和高温后混凝土强度的降低,所以建议对于 ISO 834 标准加热方式下的 C100 高性能混凝土,选用纤维长度为 20 mm,掺量为 2 kg/m³。

Persson 对大量试验结果进行统计分析后认为,在室内自密实混凝土中采用 0.7 kg/m³、室外自密实混凝土中采用 1.4 kg/m³ 的聚丙烯纤维就足以抑止爆裂的发生。

Noumowe 在研究高强混凝土的高温渗透性时发现,轻质混凝土在 290 ℃ 和 430 ℃ 时发生了爆裂,而约束高强混凝土和掺加聚丙烯纤维的混凝土则没有发生爆裂。

李敏的试验分别对普通混凝土、高性能混凝土及分别掺有聚丙烯纤维、引气剂和二者复合掺加的高性能混凝土在高温下的抗爆裂性能进行了研究。结果表明,加入聚丙烯纤维能够有效地防止高性能混凝土爆裂,而加入引气剂对高性能混凝土的抗爆裂性能作用不明显;单掺聚丙烯纤维的高性能混凝土的抗爆裂性能比复合掺加聚丙烯纤维和引气剂的高性能混凝土好;爆裂现象一般发生在 200 ~ 250 ℃ 的温度范围内。

袁杰的试验表明,若保持用水量不变,随着聚丙烯纤维掺量的增加,高强混凝土的和易性逐渐变差,坍落度逐渐减小。掺入聚丙烯纤维后,高强混凝土的抗压强度明显下降,高温后掺与不掺聚丙烯纤维的高强混凝土抗压强度之比近似为常数。

鞠丽艳研究了聚丙烯纤维对高温下高性能混凝土性能的影响。结果表明,聚丙烯纤维能有效改善混凝土的抗爆裂性能,这一点在高强、高性能混凝土中效果更明显;当温度在聚丙烯纤维的熔点以下时,聚丙烯纤维可使混凝土在高温下的抗折强度有所提高;随着聚丙烯纤维掺量的增加,混凝土动弹性模量损失率逐渐减小;建议聚丙烯纤维的适宜掺量为 2.5 kg/m³。

肖建庄设计了 79 块掺有聚丙烯纤维的 C50、C80 和 C100 高性能混凝土立方体试块,在经历了 20 ~ 900 ℃ 温度后的残余抗压强度试验后,结果表明,经历同样高温后,聚丙烯纤维高性能混凝土的抗压强度损失与普通混凝土的接近甚至更小;以 400 ℃ 为界,温度升高对聚丙烯纤维的高性能混凝土的损伤明显加剧。

王平等的研究表明,聚丙烯纤维的掺入降低了中等强度大掺量矿渣混凝土的延性,提高了高强中等掺量矿渣混凝土的延性,而对硅灰高强混凝土的高温延性贡献不明显;在300 ℃以内,聚丙烯纤维对高温后混凝土的抗压强度和抗折耗能有利,而对抗折强度和抗折弹性模量不利,且对抗折弹性模量的影响较大;经300 ℃以上高温作用后聚丙烯纤维熔融挥发,对高强混凝土的抗爆裂有明显作用,有利于抗压、抗折强度,而对中等强度混凝土影响不大。

游有鲲认为,聚丙烯纤维掺量达到一定值后,高温下有效的混凝土连通熔化孔道才会形成,高强混凝土试件才能免受爆裂与毛细孔道粗化的危害;掺加聚丙烯纤维对改善高温后抗压、抗折强度的效果并不明显。

赵军的研究表明,高温后聚丙烯纤维高强混凝土和素高强混凝土的抗压、抗拉及抗折强度均随温度的升高而下降,抗拉强度和抗折强度的降幅较大。以400 ℃为界,在400 ℃以内,各项强度损失相对较小,400 ℃以上明显降低;聚丙烯纤维通过自身的熔化,在高强混凝土内部形成连通性孔隙,缓解了蒸汽压力的影响,有效改善了高强混凝土抗爆裂性能。

刘沐宇设计了144个不同聚丙烯纤维掺量的高性能混凝土立方体试块,研究了经历20~800 ℃温度后的物理、力学性能变化规律。结果表明,加入聚丙烯纤维后,抗爆裂效果明显;随温度升高,抗压强度经历了强度损失阶段、强度恢复阶段和强度永久损失阶段,而劈裂抗拉强度随温度的升高一直衰减;聚丙烯纤维在不同温度段,对不同种类混凝土的不同强度指标有不同的影响;聚丙烯掺量为1.5 kg/m³时强度损失最小。

柳献通过研究不同聚丙烯纤维掺量自密实混凝土高温下的宏、微观性能,探讨了高温时材料内部的物理化学变化,不同温度状况下由微观结构变化所带来的宏观性能变化,以及聚丙烯纤维的高温阻裂机制。结果表明,400 ℃以下,由于材料内部的水分将逐步释放和散失,材料的微观结构发生变化,各试样的总孔隙率和代表孔径并无明显增加,只是代表孔径处孔隙体积随温度升高而增加;聚丙烯纤维熔解后被周围孔洞吸收,只是改善了材料的孔隙连通性,材料总孔隙率并没有改变;添加聚丙烯纤维后,材料在200 ℃左右即有较高的气渗性能。

1.2.2.3　混杂纤维混凝土高温性能

在混凝土中掺入聚丙烯纤维确实能够改善混凝土的抗爆裂性能,而掺入钢纤维则提高了混凝土的抗拉强度和韧性。因此,可以在混凝土中混杂掺入聚丙烯纤维和钢纤维,取长补短,显著改善混凝土的高温力学性能。

王正友等发现,温度在300 ℃以下时,混杂纤维高性能混凝土的强度基本没有降低。在不同温度下,不同配比混杂纤维混凝土的强度变化趋势基本一致,与常温时相比,400 ℃高温下强度为60%左右、800 ℃高温下为30%左右。同时,混杂纤维能有效地阻止混凝土产生爆裂,并能较好地保持混凝土的完整性。

赵莉弘进行了纤维混凝土的高温残余力学性能的试验研究,结果表明,掺加钢纤维可以提高高性能混凝土的残余抗压强度,而混杂纤维对高温残余强度没有显著改善。聚丙烯纤维、钢纤维和混杂纤维均提高高性能混凝土的残余劈裂抗拉强度。混杂纤维混凝土的残余断裂能的变化规律,目前尚不清晰,需要进一步的研究。

边松华也指出,加入合适掺量的混杂纤维,不仅能消除高性能混凝土高温爆裂现象的发生,还能提高其高温后残余抗压强度、抗拉强度及断裂能,并认为,对于水胶比为 0.26 的高性能混凝土,聚丙烯纤维的体积率为 0.1%、钢纤维的掺量为 80 ~ 100 kg/m³ 时的效果最好。

鞠丽艳针对高性能混凝土的防火、抗爆裂性能低的特点,采用聚丙烯纤维及钢纤维混杂的方法,对高性能混凝土的高温性能所进行的研究表明,在高温下,混杂纤维能有效地阻止混凝土产生爆裂,并使混凝土保持较好的完整性,复合纤维混凝土在高温后仍能承受较高荷载。聚丙烯纤维熔化后留下的孔洞,阻止了爆裂的产生,但也因此削弱了混凝土强度,为介质入侵提供了通道,从而大大降低了混凝土的耐久性,当温度超过一定范围时,混杂纤维混凝土与基准混凝土的抗折性能变化趋势一致。

刘沐宇的试验表明,混杂纤维混凝土经过 800 ℃ 的高温作用,裂缝少而细,具有良好的完整性,有较大的残余强度,由此说明如果纤维配比量合理,能让高性能混凝土的高温性能达到良好的状态,采用两种甚至两种以上不同种类的纤维组合完全能改善混凝土的各项力学性能。

李晗进行了高温后混杂纤维高强混凝土基本力学性能的试验,研究发现,随温度的升高,混杂纤维高强混凝土和素高强混凝土的抗压强度、抗拉强度和抗折强度均有不同程度的下降,其中,抗折强度的降幅较大。同等条件下,混杂纤维高强混凝土比素高强混凝土的力学性能指标降低幅度小。在高温下,混杂纤维不但能有效地阻止混凝土产生爆裂,还能使混凝土保持较好的完整性,高温后仍能承受较高荷载,历经 800 ℃ 高温后,混杂纤维混凝土的劈裂抗拉强度剩余率为 60% 左右,抗折强度剩余率为 30% 左右。因此,可将混杂纤维混凝土用于有防火要求的重要结构中,并对火后钢筋继续起到保护作用。

1.3 纳米混凝土及其高温性能研究现状

1.3.1 纳米材料对混凝土力学性能的影响

纳米技术被认为是对各个科学技术领域都有潜在影响的新兴研究手段。在建设领域,纳米技术可定义为从纳米尺度控制性能,能使材料宏观性能产生革命性变化的科学。Hou 和 Zyganitidis 的研究表明,纳米 SiO_2 掺加到水泥浆中促进了水化反应,加速了水泥浆的水化和初期氢氧化钙的更快形成,因为水化速率取决于纳米 SiO_2 颗粒的比表面积,比表面积极高的纳米 SiO_2 颗粒可以起到"晶核作用"加速水化。Madani 发现添加纳米 SiO_2 的水泥浆表现出凝结时间减少、水化诱导期缩短、达到峰值水化热的时间缩短等特点,随纳米 SiO_2 颗粒含量的增加,新拌水泥浆的凝结时间也不断缩短。Singh 对比了是否掺加纳米 SiO_2 颗粒的水泥浆抗压强度,结果表明,与基准水泥浆相比,掺有 5% 的纳米 SiO_2 的水泥浆 1 d 抗压强度提高 64%、3 d 抗压强度提高 35%。Jo 和 Kong 观察了添加纳米 SiO_2 颗粒的水泥浆的微观结构,结果表明纳米 SiO_2 加速了 C_3S 的分解,与普通硅酸盐水泥浆相比,添加纳米 SiO_2 颗粒的水泥浆中针状硫铝酸盐的数量更多、氢氧化钙晶体数量更少、微观结构更加致密和紧凑。Stefanidou 的研究表明,添加 5% 纳米 SiO_2 的水泥浆样本中 C—S—H 晶体尺寸更大,大约 1.2 μm,而添加 1% 纳米 SiO_2 样本的 C—S—H 水晶大小为 600 nm。Senff 发现在水泥浆或水泥砂浆中加入纳米 SiO_2 需要更多的水保持其工作性,同时观察到加入纳米 SiO_2 除减少流动性还会增加水泥浆或水泥砂浆的黏结力和屈服应力。Berra 建议延迟加水,即在搅拌过程中不要一次加入所有拌和水,而是保留一定数量的拌和水,搅拌一段时间后再次加入;同时发现随着纳米 SiO_2 的掺加,水泥浆的黏度和抗压强度均有所增加。Said 和 Zhang 的研究表明,与普通混凝土相比,掺加纳米 SiO_2 的混凝土抗压强度显著提高。Zhang 还发现,纳米颗粒的加入显著降低了混凝土的氯离子渗透,混凝土的氯离子扩散系数与抗压强度之间的关系接近双曲线,抗氯离子渗透性随抗压强度明显增加。Riahi 观察到除抗压强度外,掺加纳米 SiO_2 的混凝土抗拉强度、弯曲强度和耐磨性也有所增加,掺加纳米 SiO_2 对混凝土耐磨性的提高幅度与抗压强度相近。

叶青通过强度试验和 XRD 物相分析及对比研究了硅粉和纳米 SiO_2 的火山灰活性,发现纳米 SiO_2 的火山灰活性远大于硅粉,纳米 SiO_2 与氢氧化钙的反应速度、反应形成水化硅酸钙凝胶的速度及强度发展速度均远大于硅粉。张海燕对比研究了不同纳米 SiO_2 掺量高性能混凝土的 3 d、7 d、14 d、28 d、56 d 和 112 d 抗压强度,结果表明,不同水胶比和纳米 SiO_2 掺量的混凝土抗压强度均比基准组有所提高,其中水胶比为 0.3、纳米 SiO_2 掺量为 3% 时抗压强度增强效果最明显,而且早期抗压强度比后期增强效果更显著,其中以 7 d 抗压强度增强最为明显。黄政宇利用扫描电镜、力学试验、差热分析、水化放热分析、收缩仪、流动扩展度等手段研究了纳米 $CaCO_3$ 对超高性能混凝土(Ultra High Performance Concrete,UHPC)微观结构、力学性能、结合水含量、水化放热特点、收缩性、流动性等的影响,研究结果显示,纳米 $CaCO_3$ 的掺入能促进水化反应,提高超高性能混凝土水化开始时的放热速率、增强自收缩性、降低流动性,同时,改善水泥浆体的微观结构,使其更加密实和均匀,进而提高超高性能混凝土的抗压强度和抗折强度。应姗姗采用扫描电镜和衍射分析(XRD)研究了蒸压加气混凝土的微观结构和矿物组成,并对不同纳米 $CaCO_3$ 掺量下蒸压加气混凝土的干燥收缩特性和力学性能进行了研究,发现掺加纳米 $CaCO_3$ 后整体结构密实,主要水化产物托勃莫来石的结晶情况良好,掺入 1% 纳米 $CaCO_3$ 的试块干燥收缩量较小、抗压强度较高。李固华研究了纳米 SiO_2 和纳米 $CaCO_3$ 以及与硅灰复合后对混凝土性能的影响,并通过 XRD 成分分析和带能谱分析的扫描电镜观测分析研究了混凝土的微观结构和矿物组成,结果显示,混凝土拌和物的坍落度随纳米 SiO_2 掺量提高急剧降低,纳米 $CaCO_3$ 对混凝土的和易性影响不大,二者对混凝土早期强度的提高较明显,但对后期强度影响不显著;纳米 $CaCO_3$ 提高早期强度的原因之一是水化反应中有低碳型水化碳铝酸钙生成,掺加纳米 SiO_2 能够吸收混凝土界面上的氢氧化钙并生成 Ⅱ 型的 C—S—H 凝胶。

1.3.2　纳米材料对混凝土高温性能的影响

Lim 的研究表明,纳米 SiO_2 添加到水泥浆体中可以显著提高热稳定性,与添加硅灰的试样相比,添加纳米 SiO_2 的试样在 500 ℃ 高温后的强度损失更少。Ibrahim 发现,添加纳米 SiO_2 的水泥浆和水泥砂浆在高温后表现出更好的力学性能,C—S—H 脱水产生硅酸钙作为新的胶凝材料保持残余强度,掺加纳米 SiO_2 的混凝土高温性能需要进一步研究。Bastami 研究了 400 ℃、600 ℃和 800 ℃高温后纳米 SiO_2 改性高强混凝土的质量损失、高温爆裂、抗压强度和抗拉强度。结果表明,纳米 SiO_2 能有效提高高强混凝土高温后的抗压强度和抗拉强度、减少质量损失,纳米 SiO_2 不能防止高温爆裂的发生,但发生高温爆裂的温度由不掺纳米 SiO_2 时的 300 ℃升至 400 ℃。付晔对纳米水泥基材料的耐高温性能进行了研究。结果表明,添加纳米材料可以减少不同高温后砂浆抗压强度和抗折强度的损失率,与单掺纳米材料相比,同时掺加混杂纤维的砂浆耐高温性能更好,并认为高温作用可以激发纳米材料的火山灰活性,加速水化反应,从而提高纳米水泥基材料的耐火性能。燕兰研究了普通混凝土、钢纤维混凝土和掺加纳米 SiO_2 的钢纤维混凝土在不同温度后的抗压强度、劈拉强度和抗折强度,并通过 SEM 观察了不同温度后的微观结构,通过 XRD 衍射分析探讨了钢纤维与过渡区界面的相结构。研究发现,纳米 SiO_2 对混凝土常温和高温后的抗压强度、劈拉强度和抗折强度均有所提高,400 ℃高温后强度最高;SEM 观察到掺加纳米 SiO_2 后钢纤维与过渡区的界面处的显微硬度和致密度均有所提高,由于固相反应,钢纤维表层形成锯齿状的白亮色扩散渗透层,即化合物层,XRD 衍射分析表明由复杂的水化硅酸钙和 $FeSi_2$ 组成的白亮层增强了钢纤维与基体的黏结力,从而提高了混凝土的高温力学性能。

1.4 小 结

上述分析了建筑火灾的危害、纳米材料对混凝土力学性能和高温性能的影响,以及纤维混凝土及其高温性能的研究现状。分析发现,目前国内外对纳米混凝土的常温性能、纤维混凝土的常温和高温性能已有较多的研究,纳米混凝土高温性能和纤维纳米混凝土常温性能也有所涉及,但对纤维纳米混凝土高温性能的研究还很少,且仅有的研究都集中在高温后的各项性能,对高温中纤维纳米混凝土性能的研究还未见报道。鉴于此,需重点围绕高温中纤维纳米混凝土的力学性能展开以下几个方面的研究:

(1)纤维纳米混凝土配合比设计。

采用基于工作性的配合比设计方法,通过试验测定纳米材料掺量、混凝土强度和钢纤维体积率对浆体富余系数和砂浆富余系数的影响,建立相应的计算公式,进而确定出纤维纳米混凝土的最优配合比。

(2)常温下纤维纳米混凝土基本力学性能。

①通过纤维纳米混凝土基本力学性能试验,研究钢纤维体积率、纳米材料掺量和混凝土强度等级对纤维纳米混凝土抗压强度、劈拉强度、抗剪强度、抗折强度、劈拉荷载—横向变形曲线、剪切荷载—变形曲线和弯曲荷载—跨中挠度曲线的影响。

②在试验基础上建立考虑钢纤维和纳米材料影响的纤维纳米混凝土强度计算模型;在总结分析国内外韧性计算方法的基础上,建立适合纤维纳米混凝土特点的韧性计算模型。

(3)高温中纤维纳米混凝土力学性能。

①通过高温中纤维纳米混凝土抗压、劈拉和弯曲试验,研究温度、钢纤维体积率、纳米

二氧化硅(nano – SiO_2,简称 NS)掺量和纳米碳酸钙(nano – $CaCO_3$,简称 NC)掺量对高温中纤维纳米混凝土抗压强度、劈拉强度、抗折强度、单轴受压应力—应变曲线、劈拉荷载—横向变形曲线和弯曲荷载—跨中挠度曲线的影响。

②探讨各因素对高温中纤维纳米混凝土抗压强度、劈拉强度和抗折强度的影响以及各强度指标之间的关系。结合相关文献的数据,应用复合材料理论,建立考虑温度、钢纤维和纳米材料影响的高温中纤维纳米混凝土强度计算模型。

③分析高温中纤维纳米混凝土单轴受压应力—应变曲线、劈拉荷载—横向变形曲线和弯曲荷载—跨中挠度曲线的特征和变化规律;建立适合高温中纤维纳米混凝土特点的轴压本构关系数学模型以及劈拉韧性和弯曲韧性的计算模型。

(4)纤维纳米混凝土微观结构和高温劣化机制。

应用扫描电子显微镜(SEM)观测和 X 射线衍射(XRD)分析的手段,研究温度和纳米材料对纤维纳米混凝土高温前后微观结构和矿物组成的影响。在此基础上,探讨纤维纳米混凝土的高温劣化机制,以及钢纤维和纳米材料对高温中纤维纳米混凝土宏观力学性能的影响机制。

参 考 文 献

[1] 过镇海,时旭东. 钢筋混凝土的高温性能试验及其计算[M]. 北京:清华大学出版社,2011.

[2] Singh L P,Karade S R,Bhattacharyya S K,et al. Beneficial role of nanosilica in cement based materials-A review[J]. Construction and Building Materials,2013,47:1069-1077.

[3] Zapata L E,Portela G,Suárez O M,et al. Rheological performance and compressive strength of superplasticized cementitious mixtures with micro/nano-SiO_2 additions [J]. Construction and Building Materials,2013,41:708-716.

[4] Ltifi M,Guefrech A,Mounanga P,et al. Experimental study of the effect of addition of nano-silica on the behaviour of cement mortars[J]. Procedia Engineering,2011,10:900-905.

[5] Gaitero J J,Campillo I,Guerrero A. Reduction of the calcium leaching rate of cement paste by addition of silica nanoparticles[J]. Cement and Concrete Research,2008,38(8):1112-1118.

[6] Shamsai A,Peroti S,Rahmani K,et al. Effect of water-cement ratio on abrasive strength,porosity and permeability of nano-silica concrete[J]. World Applied Sciences Journal,2012,17(8):929-933.

[7] Péra J,Husson S,Guilhot B. Influence of finely ground limestone on cement hydration[J]. Cement and Concrete Composites,1999,21(2):99-105.

[8] 唐明,巴恒静,李颖. 纳米级 SiOx 与硅灰对水泥基材料的复合改性效应研究[J]. 硅酸盐学报,2003,31(5):523-527.

[9] 叶青,张泽南,孔德玉,等. 掺纳米 SiO_2 和掺硅粉高强混凝土性能的比较[J]. 建筑材料学报,2003,6(4):381-385.

[10] 黄政宇,曹方良. 纳米材料对超高性能混凝土性能的影响[J]. 材料导报,2012,26(18):136-141.

[11] 刘立军. 纳米 $CaCO_3$/钢纤维复合增强混凝土韧性的研究[D]. 天津:天津大学,2009.

[12] Bastami M,Baghbadrani M,Aslani F. Performance of nano-Silica modified high strength concrete at elevated temperatures[J]. Construction and Building Materials,2014,68:402-408.

[13] ASTM Designation E119-97. Standard test methods for fire tests of building construction and materials

[S]. ASTM Committee E-5,1998.

[14] Iding R H,Bresler B,Nizamuddin Z. FIRES-T3-A Computer program for the fire response of structures [CP]. Thermal,3-Dimentional Version. Report No. UBC-FRG 77-15,University of California,Berkeley, 1977.

[15] Iding R H,Bresler B, Nizamuddin Z. FIRES- RC II-A Computer program for the fire response of structures—Reinforced Concrete Frame[CP]. Revised Version. Report No. UBC-FRG 77-8,University of California,Berkeley,1977.

[16] ACI Committee 2168-89. Guide for determining the fire endurance of concrete elements[S]. Reapproved by Committee 216,1994.

[17] ACI 216,1-97. Standard method for determining the fire resistance of concrete and masonry construction assemblies[S]. Reapproved by Committee 216. 1997.

[18] 原田有. 建筑耐火构法[M]. 日本:工业调查会,昭和48年.

[19] 时旭东. 高温下钢筋混凝土杆系结构试验研究和非线性有限元分析[D]. 北京:清华大学,1992.

[20] 阂明保,李延和,高本立,等. 建筑物火灾后诊断与处理[M]. 南京:江苏科学技术出版社,1994.

[21] CEN:Design of concrete structures. Eurocode 2 Part 10:Structure sire design [S]. Commission of European Communities,April,1990.

[22] Schneider U. Concrete at high temperatures-a general review[J]. Fire Safety Journal. 1988,13(1):55-68.

[23] Lie T T. A procedure to calculate fire resistance of structural members [C] // International seminar on three decades of structural fire safety. Herts:Fire Research station,1983:139-153.

[24] Lie T T. Structural fire protection[M]. New York:Published by the ASCE,1992.

[25] 陆洲导. 钢筋混凝土梁对火灾反应的分析[D]. 上海:同济大学,1989.

[26] 刘利先,吕龙,刘铮. 高温下及高温后混凝土的力学性能研究[J]. 建筑科学,2005(3):16-20.

[27] 王孔藩,许清风,刘挺林. 高温下及高温冷却后混凝土力学性能的试验研究[J]. 施工技术,2005(8):1-3.

[28] Zhang B,Bicanic N. Residual fracture toughness of normal and high-strength gravel concrete after heating to 600 ℃[J]. ACI Materials Journal,2002,(3):217-226.

[29] 蒋玉川. 普通强度高性能混凝土的高温性能特征[D]. 北京:北京交通大学,2007.

[30] 李卫,过镇海. 高温下砼的强度和变形性能试验研究[J]. 建筑结构学报,1993(1):8-16.

[31] Kaplan M F,Roux F J P. Effect of elevated temperature on the properties of containment and shielding of nuclear reactors[R]. ACISP 34-24,Detroit,1972:437-441.

[32] Harade T. Strength,elasticity and thermal properties of concrete subjected to elevated temperature[R]. ACI SP 34-19,Detroit,1972:377-406.

[33] 沈鲁明. 碳化混凝土及钢筋混凝土柱抗火性能分析[D]. 上海:同济大学工程结构研究所,1997.

[34] 钮宏,马云凤,姚亚雄. 轻骨料混凝土构件抗火性能的研究[J]. 建筑结构,1996(7):29-33.

[35] 周新刚,吴江龙. 高温后混凝土轴压疲劳性能初探[J]. 工业建筑,1996,26(5):33-35.

[36] 姚亚雄. 钢筋混凝土框架火灾反应分析及火灾温度鉴定的研究[D]. 上海:同济大学工程结构研究所,1991.

[37] 时旭东. 高温中钢筋混凝土杆系结构试验研究和非线性有限元分析[D]. 北京:清华大学,1992.

[38] 吴波,袁杰,王光远. 高温后高强混凝土力学性能的试验研究[J]. 土木工程学报,2000,33(2):8-12.

[39] 吴波,马忠诚,欧进萍. 高温后混凝土变形特性及本构关系的试验研究[J]. 建筑结构学报,1999,20

(5):42-49.

[40] 阎继红.高温作用下混凝土材料性能试验研究及框架结构性能分析[D].天津:天津大学,2000.

[41] 吕天启.高温后混凝土静置性能的试验研究及已有建筑物的防火安全评估[D].大连:大连理工大学,2002.

[42] K-CH Theniel, F S Rostary. Strength of concrete subjected to high temperature and biaxial stress: experiments and modeling[J]. Materials and Structures,1995(28):575-581.

[43] 石贵平.钢筋混凝土结构中温度场和热应力的非线性有限元分析[D].北京:清华大学,1990.

[44] 胡倍雷,宋玉普,赵国藩.高温后混凝土在复杂应力状态下的变形和强度特性的试验研究[J].四川建筑科学研究,1994,20(1):47-50.

[45] 李卫.高温下混凝土强度和变形的试验研究[D].北京:清华大学,1991.

[46] 钱在兹,谢狄敏.混凝土受明火高温作用后的抗拉强度与粘结强度的试验研究[J].工程力学,1997(A02):1-5.

[47] 谢狄敏,钱在兹.高温作用后混凝土抗拉强度与粘结强度的试验研究[J].浙江大学学报:自然科学版,1998,32(5):597-602.

[48] Marechal J C. Variations in the modulus of elasticity and poisson's ration with temperature. Concrete for Nuclear Reactors[R]. ACISP-34,detroit,1972:405-433.

[49] 胡海涛,董毓利.高温时高强混凝土强度和变形的试验研究[J].土木工程学报,2002,35(6):44-47.

[50] 南建林,过镇海,时旭东.混凝土的温度—应力耦合本构关系[J].清华大学学报:自然科学版,1997,37(6):87-90.

[51] 钮宏,陆洲导,陈磊.高温下钢筋与混凝土本构关系的试验研究[J].同济大学学报,1990,18(3):287-297.

[52] 马忠诚.火灾后钢筋混凝土结构损伤评估与抗震修复[D].哈尔滨:哈尔滨建筑大学,1997.

[53] 朱伯龙,陆洲导,胡克旭.高温(火灾)下混凝土与钢筋的本构关系[J].四川建筑科学研究,1990(1):37-43.

[54] Shirley T S,Burg G R,Fiorato E A. Fire endurance of high-strength concrete slabs[J]. ACI Materials Journal,1988,85(2):102-108.

[55] Chan Y N S,Peng G-F,Anson M. Fire behavior of high-performance concrete made with silica fume at various moisture contents[J]. ACI Materials Journal,1999,96(3):405-409.

[56] Huang Z,Burgess I W,Plank R J. Nonlinear analysis of R. C. slabs subjected to fire[J]. ACI Structural Journal,1999,96(1):127-135.

[57] 陈礼刚,李晓东,董毓利.钢筋混凝土三跨连续板边跨受火性能试验研究[J].工业建筑,2004,34(1):66-75.

[58] G A Khoury,P J E Sullivan. Research at imperial college on the effect of elevated temperatures on concrete[J]. FireSafety Journal,1988(13):69-72.

[59] Church J G,Clark L A. The effect of combined therma iand force loads on the behaviors of reinforced concrete beams[J]. The Structural Engineering,1988,66(16):262-267.

[60] Bruce Ellingwood,T D Lin. Flexure and shear behavior of concrete beams during fires[J]. Journal of Structural Engineering,1991,117(2):440-458.

[61] 陆洲导,朱伯龙,周跃华.钢筋混凝土简支梁对火灾反应的试验研究[J].土木工程学报,1993,26(3):47-54.

[62] 时旭东,过镇海.高温下钢筋混凝土受力性能的试验研究[J].土木工程学报,2000,33(6):6-16.

［63］ 孙劲峰,时旭东,过镇海.三面受热钢筋混凝土梁在高温时和降温后受力性能的试验研究[J].建筑结构,2002,32(1):34-36.

［64］ 王春华,程超.高温冷却后钢筋混凝土简支梁强度损伤的研究[J].西南交通大学学报,1992,27(2):65-74.

［65］ Huang Z H,Patten A. Nonlinear finite element analysis of planar R. C. members subjected to fires[J]. ACI Structural Journal,1997,94(3):272-282.

［66］ 时旭东,过镇海.高温下钢筋混凝土连续梁的受力性能试验研究[J].土木工程学报,1997,30(4):26-34.

［67］ 时旭东,过镇海.高温下钢筋混凝土连续梁的破坏机构和内力重分布研究[J].建筑结构,1996(7):34-37.

［68］ 苏南,林铜柱,Lie T T.钢筋混凝土柱的抗火性能[J].土木工程学报,1992,25(6):25-36.

［69］ Ng A H B,Mirza M S,Lie T T. Response of direct models of reinforced concrete columns subjected to fire[J]. ACI Structural Journal,1990,87(3):313-323.

［70］ Lie T T,Celikkol B. Method to calculate the fire resistance of circular R. C. columns[J]. ACI Material Journal,1991,88(1):84-91.

［71］ Lie T T,Irwin R J. Method to calculate the fire resistance of reinforced concrete columns with rectangular cross section[J]. ACI Structural Journal,1993,90(1):52-60.

［72］ 钮宏,龚扬林.钢筋砼偏心受压长柱的抗火研究[J].建筑结构,1993(1):41-43.

［73］ 时旭东,李华东,过镇海.三面受火钢筋混凝土轴心受压柱的受力性能试验研究[J].建筑结构学报,1997,18(4):13-22.

［74］ 杨建平,时旭东,过镇海.两种升温—加载途径下钢筋混凝土压弯构件受力性能的试验及分析研究[J].工程力学,2001,18(3):81-90.

［75］ 张杰英,时旭东,过镇海.不同偏心距下钢筋混凝土压弯构件的高温试验研究[C]//混凝土结构基本理论及工程应用第五届学术会议论文集.天津:天津大学出版社,1998:10-15.

［76］ 杨建平,时旭东,过镇海.两面与三面高温下钢筋混凝土压弯构件的性能比较[J].工业建筑,2000(6):34-37.

［77］ 时旭东,李华东,过镇海.三面受热钢筋混凝土偏心受压柱的试验研究[J].福州大学学报:自然科学版,1996,24:138-144.

［78］ Terro M J. Numerical modeling of the behavior of concrete structures in fire[J]. ACI Structural Journal,1998,95(2):183-193.

［79］ Dotreppe J C,Franssen J M,Vanderzeypen Y. Calculation method for design of reinforced concrete columns under fire conditions[J]. ACI Structural Journal,1999,96(1):9-18.

［80］ Kodur V K R,Wang T C,Cheng F P. Predicting the fire resistance behavior of high strength concrete columns[J]. Cemention Concrete Composites,2004,26(2):141-153.

［81］ Tan K H,Yao Y. Fire resistance of four-face heated reinforced concrete columns[J]. Journal of Structural Engineering,2003,129(9):1220-1229.

［82］ 杨建平,时旭东,过镇海.高温下钢筋混凝土压弯构件极限承载力简化计算[J].建筑结构,2002,32(8):23-25.

［83］ 陆洲导,朱伯龙,姚亚雄.钢筋混凝土框架火灾反应分析[J].土木工程学报,1995(6):18-27.

［84］ 姚亚雄,朱伯龙.钢筋混凝土框架结构抗火试验研究[J].同济大学学报:自然科学版,1996,24(6):619-624.

［85］ 姚亚雄,朱伯龙.钢筋混凝土框架结构火灾反应分析.同济大学学报:自然科学版,1997,25(3):

255-261.

[86] 时旭东,过镇海.高温下钢筋混凝土框架的受力性能试验研究[J].土木工程学报,2000,33(1):36-45.

[87] Beeker J M,Bresler B. Reinforced concrete frames in fires environments[J]. Journal of the Structural Division,1977,103(1):211-223.

[88] 袁杰.火灾后高强混凝土结构的剩余抗力研究[D].哈尔滨:哈尔滨工业大学,2001.

[89] Shirley T S,Burg C R,Fiorato F A. Fire endurance of high-strength concrete slabs[J]. ACI Materials Journal,1988,85(2):102-108.

[90] Khoylou N,England G L. The effect of moisture on spalling of normaland high strength concrete[C]// World wide Advances in Structural Concrete and Masonry,Chicago,Illinois,1996.

[91] Raunschweig,Wien. 高性能混凝土——材料特性与设计[M].北京:中国铁道出版社,1998.

[92] PENG G F, BIAN S H, GUO Z Q, et al. Effect of thermal shock due to rapid cooling on residual mechanical properties of fiber concrete exposed to high temperatures[J]. Construction and Building Materials,2008,22(5):948-955.

[93] Castillo C,Durrani A J. Effect of transient high temperature on high strength concrete[J]. ACI Materials Journal,1990,87(1):47-53.

[94] 孙伟,罗欣,Sammy Yin Nin Chan. 高性能混凝土的高温性能研究[J].建筑材料学报,2000,3(1):27-32.

[95] 何振军,宋玉普.高温后高强高性能混凝土双轴压力学性能[J].力学学报,2008,40(3):364-374.

[96] 李丽娟,谢伟锋,刘锋,等.100 MPa高强混凝土高温后性能研究[J].建筑材料学报,2008,11(1):100-104.

[97] Behnood A,Ziari H. Effects of silica fume addition and water tocement ratio on the properties of high-strength concrete after exposureto high temperatures[J]. Cement and Concrete Composites,2008,30(2):106-112.

[98] 肖建庄,王平,谢猛,等.矿渣高性能混凝土高温后受压本构关系试验研究[J].同济大学学报,2003,31(2):186-190.

[99] Harmarthy T Z. Effect of moisture on the fire endurance of building elements [R]. Philadelphia:ASTM publication STP,1965.

[100] Smith P. Resistance to high temperature,in significance of tests and properties of concrete and concrete-making materials[R]. Philadelphia:ASTM Publication STP 169B,1978.

[101] Kalifa P,Menneteau F D,Quenard D. Spalling and pore pressure in HPC at high temperatures[J]. Cement and Concrete Research,2000,30(12):1915-1927.

[102] 朋改非,陈延年,Mike Anson. 高性能硅灰混凝土的高温爆裂与抗火性[J].建筑材料学报,1999(3):193-198.

[103] 王珩,钱春香,李敏,等.高强混凝土湿扩散与火灾爆裂关系研究[J].东南大学学报:自然科学版,2003,33(4):454-457.

[104] Chaboche J L. Development of continuum damage mechanics for elastic solids sustaining anisotropic and unilateral damage[J]. International Journal of Damage Mechanics,1993,2(4):311-329.

[105] Phanl T. Pore pressure and explosive spalling in concrete[J]. Materials and Structures,2008(41):1623-1632.

[106] Bazant Z P. Analysis of pore pressure,thermal stresses and fracture in rapidly heated concrete[C]// Proceedings of International Workshop on Fire Performance of High-Strength Concrete(NIST Special

Publication 919). Gaithersburg: NIST, 1997. 155-164.

[107] Ulm F J, Coussy O, Bazant Z P. The "chunnel" fire I: Chemoplastic softening in rapidly heated concrete [J]. Journalof Engineering Mechanics, 1999, 125(3): 272-282.

[108] D Gawin, F Pesavento, B A Schrefler. Toward, prediction of the thermal spalling risk through a multiphase porous media model of concrete [J]. Computer Methods in Applied Mechanics and Engineering, 2006. 195: 5707-5729.

[109] 傅宇方,黄玉龙,潘智生,等. 高温条件下混凝土爆裂机理研究进展[J]. 建筑材料学报, 2006, 9 (3): 323-329.

[110] 罗辉涛. 混杂纤维增强钢筋混凝土梁抗弯性能试验研究[D]. 广东: 广东工业大学, 2008.

[111] J P Romualdi, G. B. Batson. Mechanics of crack arrest in concrete[J]. Proc. ASCE, 1963, 89(6): 147-168.

[112] Karayannis, Chris G. Nonlinear analysis and tests of steel-fiber concrete beams in torsion[J]. Structural Engineering and Mechanics, 2000, 9(4): 323-338.

[113] Almansa, Eduardo Mereno. Behaviour of normal and steel fiber reinforced concrete under impact of small projectilies[J]. Cement and Concrete Research, 1999, 29(11): 807-1814.

[114] Teutsch, Manfed, Rosenbusch, et al. Load carrying and deformation behavior of lattice girder walls from steel fiber concrete[J]. Betonwerk and Fertigteil-Technik/Concrete Precasting Plant and Technology, 1998, 64(10): 58-62.

[115] Traina, Leonard A, Mansour, et al. Biaxial strength and deformation behavior of plain and steel fiber concrete[J]. ACI Mater, 1991, 88(7-8): 354-362.

[116] Bayasi, Ziad, Zhou jing. Seismic resistance of steel fiber reinforced concrete beam-colum joints [C]// Structure Engineering in Nature Hazards Mitigation Prc Symp Struct Eng Nat Hazard Mitigation. Pub by ASCE, New York, NY, and USA, 1993: 1402-1408.

[117] Goidfein S. Fibrous reinforced for potland cement[J]. Modern Plastics, 1965, 42(8): 156-160.

[118] ACI Committee544. Fiber Reinforced Concrete[R]. ACI544, 1996.

[119] 姚武,蔡江宁,陈兵,等. 混杂纤维增韧高性能混凝土的研究[J]. 三峡大学学报: 自然科学版, 2002, 24(1): 42-44.

[120] 孙伟,钱红萍,陈惠苏. 纤维混杂及其与膨胀剂复合对水泥基材料的物理性能的影响[J]. 硅酸盐学报, 2001, 28(2): 95-99.

[121] Xu Guodong, Hannant D J. Synergistic interaction between fibetllated polyproylene networks and glass fibers in a cement-based composite[J]. Cement Concrete Composite, 1991, 13 (2): 95-106.

[122] Walton P L, Majumdar A J. Cement-based composites with mixture of different types of fibers[J]. Composites, 1975, 6(5): 209-216.

[123] P Sukontaukul. Tensile benhavior of hybrid fiber-reinforced concrete[J]. Advances in Cement Research, 2004(3): 115-122.

[124] Parviz Soroushian, Hafez Elyamany, Ater Tlili et al. Mixed-mode fracture properties of concrete reinforced with low volume fractions of steel and polypropylene fibers [J]. Cement and Concrete Composites, 1998, 20 (1): 67-78.

[125] Qian C, Stroeven P. Fracture properties of concrete reinforced with steel-polypropylene hybeid fibers [J]. Cement and Concrete Composites, 2003, 22: 343-351.

[126] Banthia N, Nandakumer N. Crack growth resistance of hybrid fiber reinforced cement composites[J]. Cement and Concrete Composites, 2003, 25: 3-9.

[127] 中国工程建设标准化协会. 钢纤维混凝土试验方法(CECS 13:89). 北京:中国计划出版社,1996.

[128] 中国工程建设标准化协会. 纤维混凝土结构技术规程(CECS 38:2004). 北京:中国计划出版社, 2004.

[129] 黄承逵. 纤维混凝土结构[M]. 北京:机械工业出版社,2004.

[130] 沈荣熹. 水泥基复合材料科学与技术[C]//低掺率合成纤维在混凝土中的作用机制. 北京:中国 建材出版社,1999.

[131] 曹诚,王春阳. 低掺量聚丙烯纤维在混凝土中的效应分析[C]//天津市市政(公路)工程研究院院 庆五十五周年论文选集(1950~2005)下册,2005:342-344.

[132] 华渊,曾艺,刘荣华. 混杂纤维增强混凝土耐久性试验研究[J]. 低温建筑技术,1998(3):18-20.

[133] 华渊,姜稚清,王志宏. 混杂纤维增强水泥基复合材料的疲劳损伤模型[J]. 建筑材料学报,1998,1 (2):144-149.

[134] 邓宗才. 高性能合成纤维混凝土[M]. 北京:科学出版社,2003.

[135] 焦楚杰,孙伟,秦鸿根,等. 聚丙烯 – 钢纤维高强混凝土弯曲性能试验研究[J]. 建筑技术,2004 (1):48-50.

[136] 赵国藩,彭少民,黄承逵,等. 钢纤维混凝土结构[M]. 北京:中国建筑工业出版社,1999.

[137] J P Romualdi,J A Mandel. Tensile strength of concrete affected by uniformly:Distributed and closely spaced stort length of wire reinforcement[J]. ACI Journal:Proceedings,1964,6:567-670.

[138] S P Shah, B V Ranjan. Fiber reinforced concrete properties[J]. ACI Journal,Proc,1971,68(2):126-135.

[139] C D Johnson, A R Coleman. Strength and deformation of steel fiber reinforced mortar in uniaxial tension,fiber reinforced concrete[J]. American Concrete Institute,1974:177-207.

[140] R N Swamy,P S Mangat, CV S K Rao. The mechanics of fiber reinforcement of cement matrices,fiber reinforced concrete[J]. American Concrete Institute,1974:1-8.

[141] 罗欣. 高性能混凝土的防火性能、机理及数值模拟研究[D]. 南京:东南大学,2001.

[142] 张彦春,胡晓波,白成彬. 钢纤维混凝土高温后力学强度研究[J]. 混凝土,2001(9):50-53.

[143] Poon C S, Shui Z H, Lam L. Compressive behavior of fiber reinforced high-performance concrete subjected to elevated temperatures[J]. Cement and Concrete Research,2004(23):121-123.

[144] 董香军,丁一宁. 高温后钢纤维高性能混凝土力学性能试验研究[C]//第十一届全国纤维混凝土 学术会议论文集. 纤维混凝土的技术进展与工程应用. 大连:大连理工大学出版社,2006.

[145] 赵军,高丹盈,王邦. 高温后钢纤维高强混凝土力学性能试验研究[J]. 混凝土,2006(11):4-6.

[146] 巴恒静,杨少伟. 钢纤维混凝土高温应力损伤性能[J]. 混凝土,2009(1):15-17.

[147] 巴恒静,杨少伟,杨英姿. 钢纤维混凝土高温后 SHPB 试验研究[J]. 建筑技术,2009(8):719-721.

[148] Hertz K D. Danish investigations on silica fume concretes at elevated temperatures[J]. ACI Materials journal,1992,89(4):345-347.

[149] 朋改非,段旭杰,黄广华. 钢纤维对高性能混凝土高温爆裂行为的抑制作用[C]//"全国特种混凝 土技术及工程应用"学术交流会暨 2008 年混凝土质量专业委员会年会,西安,2008:566-571.

[150] Sideris K K, Manita P, Papageorgiou A, et al. Mechanical characteristic of high performance fiber reinforced concretes at elevated temperatures[R]. ACI Special Publication,2006:973-988.

[151] Bentz D P. Fibers,percolation and spalling of high-performance concrete[J]. ACI Materials Journal, 2000,97(3):351-359.

[152] Kalifa P,Chene G,Galle C. High-temperature behaviour of HPC with polypropylene fibres from spalling to microstructure[J]. Cement and Concrete Research,2001,31(10):1487-1499.

[153] Bertil Persson. Mitigation of fire spalling of concrete with fibers[C]// Presentation in technical committee durability of Self-compacting concrete. Ghent University, 2005:1-10.

[154] Noumowe A N, Siddique R, Debicki G. Permeability of high-performance concrete subjected to elevated temperature(600℃)[J]. Construction and Building Materials, 2009,23(5):1855-1861.

[155] 李敏,钱春香,王珩,等.高性能混凝土火灾条件下抗爆裂性能的研究[J].工业建筑,2001(10): 47-49.

[156] 袁杰,吴波.PP纤维高强混凝土的和易性及高温后抗压强度的试验研究[J].混凝土,2001(3): 30-33.

[157] 鞠丽艳,张雄.聚丙烯纤维对高温下混凝土性能的影响[J].同济大学学报:自然科学版,2003 (9):1064-1067.

[158] 肖建庄,王平.掺聚丙烯纤维高性能混凝土高温后的抗压性能[J].建筑材料学报,2004,7(3): 281-285.

[159] 王平,肖建庄,陈瑞生,等.聚丙烯纤维对高性能混凝土高温后力学性能的影响试验研究[J].工业建筑,2005,35(11):67-69.

[160] 游有鲲,钱春香,缪昌文.掺聚丙烯纤维的高强混凝土高温性能研究[J].安全与环境工程,2004, 11(1):63-66.

[161] 赵军,邱计划,高丹盈.高温后聚丙烯纤维高强混凝土力学性能试验研究[C]//第十一届全国纤维混凝土学术会议论文集.纤维混凝土的技术进展与工程应用.大连:大连理工大学出版社, 2006.

[162] 刘沐宇,林志威,丁庆军,等.不同PPF掺量的高性能混凝土高温后性能研究[J].华中科技大学学报:城市科学版,2007,24(2):14-17.

[163] 柳献,袁勇,叶光,等.聚丙烯纤维高温阻裂机理[J].同济大学学报:自然科学版,2007,35(7): 959-964.

[164] 王正友,廖明成,于水军,等.混杂纤维高性能混凝土高温性能试验[J].焦作工学院学报:自然科学版,2002,21(5):338-340.

[165] 赵莉弘,朋改非,祁国梁,等.高温对纤维增韧高性能混凝土残余力学性能影响的试验研究[J].混凝土,2003(12):8-11.

[166] 边松华.混杂纤维与冷却制度对高性能混凝土高温力学性能的影响[D].北京:北京交通大学, 2005.

[167] 鞠丽艳,张雄.混杂纤维对高性能混凝土高温性能的影响[J].同济大学学报:自然科学版,2006, 34(1):89-92.

[168] 刘沐宇,程龙,丁庆军,等.不同混杂纤维掺量混凝土高温后的力学性能[J].华中科技大学学报:自然科学版,2008,36(4):123-125.

[169] 李晗,高丹盈,赵军.高温后混杂纤维高强混凝土基本力学性能[J].新型建筑材料,2008(13): 132-134.

[170] Ali I. New generation adsorbents for water treatment[J]. Chemical Reviews, 2012,112(10):5073-5091.

[171] Hou P, Kawashima S, Kong D, et al. Modification effects of colloidal nano-SiO$_2$ on cement hydration and its gel property[J]. Composites Part B:Engineering,2013,45(1):440-448.

[172] Zyganitidis I, Stefanidou M, Kalfagiannis N, et al. Nanomechanical characterization of cement-based pastes enriched with SiO$_2$ nanoparticles[J]. Materials Science and Engineering:B, 2011,176(19): 1580-1584.

[173] Madani H, Bagheri A, Parhizkar T. The pozzolanic reactivity of monodispersed nanosilica hydrosols and their influence on the hydration characteristics of Portland cement[J]. Cement and concrete research, 2012, 42(12):1563-1570.

[174] Singh L P, Bhattacharyya S K, Ahalawat S. Preparation of size controlled silica nano particles and its functional role in cementitious system[J]. Journal of Advanced Concrete Technology, 2012, 10(11): 345-352.

[175] Jo B W, Kim C H, Tae G, et al. Characteristics of cement mortar with nano-SiO_2 particles[J]. Construction and building materials, 2007, 21(6):1351-1355.

[176] Kong D, Du X, Wei S, et al. Influence of nano-silica agglomeration on microstructure and properties of the hardened cement-based materials[J]. Construction and Building Materials, 2012, 37:707-715.

[177] Stefanidou M, Papayianni I. Influence of nano-SiO_2 on the Portland cement pastes[J]. Composites Part B:Engineering, 2012, 43(6):2706-2710.

[178] Senff L, Labrincha J A, Ferreira V M, et al. Effect of nano-silica on rheology and fresh properties of cement pastes and mortars[J]. Construction and Building Materials, 2009, 23(7):2487-2491.

[179] Berra M, Carassiti F, Mangialardi T, et al. Effects of nanosilica addition on workability and compressive strength of Portland cement pastes[J]. Construction and Building Materials, 2012, 35:666-675.

[180] Said A M, Zeidan M S, Bassuoni M T, et al. Properties of concrete incorporating nano-silica[J]. Construction and Building Materials, 2012, 36:838-844.

[181] Zhang M, Li H. Pore structure and chloride permeability of concrete containing nano-particles for pavement[J]. Construction and Building Materials, 2011, 25(2):608-616.

[182] Riahi S, Nazari A. Compressive strength and abrasion resistance of concrete containing SiO_2 and CuO nanoparticles in different curing media[J]. Science China Technological Sciences, 2011, 54(9):2349-2357.

[183] 叶青. 纳米 SiO_2 与硅粉的火山灰活性的比较[J]. 混凝土, 2001(3):19-22.

[184] 张海燕, 吴勇军. 纳米 SiO_2 对高性能混凝土力学性能的影响[J]. 新型建筑材料, 2012(7):78-80.

[185] 黄政宇, 祖天钰. 纳米 $CaCO_3$ 对超高性能混凝土性能影响的研究[J]. 硅酸盐通报, 2013, 32(6): 1103-1109.

[186] 应姗姗, 钱晓倩, 詹树林. 纳米碳酸钙对蒸压加气混凝土性能的影响[J]. 硅酸盐通报, 2011, 30 (6):1254-1259.

[187] 李固华, 高波. 纳米微粉 SiO_2 和 $CaCO_3$ 对混凝土性能影响[J]. 铁道学报, 2006, 28(1):131-136.

[188] Lim S, Mondal P, Cohn I. Effects of nanosilica on thermal degradation of cement paste[C]//In:NICOM 4-4th International Symposium on Nanotechnology in Construction. 2012.

[189] Ibrahim R K, Hamid R, Taha M R. Fire resistance of high-volume flyash mortars with nanosilica addition [J]. Construction and Building Materials, 2012, 36:779-786.

[190] 付晔. 纳米水泥基材料耐高温性能研究[D]. 杭州:浙江大学, 2014.

[191] 燕兰, 邢永明. 纳米 SiO_2 对钢纤维混凝土高温后力学性能及微观结构的影响[J]. 复合材料学报, 2013, 30(3):133-141.

2 试验概况

2.1 试验材料

2.1.1 水泥

试验采用河南省郑州市中牟县白沙镇天瑞水泥有限公司生产的 P·O 42.5 型普通硅酸盐水泥,该水泥符合《通用硅酸盐水泥》(GB 175—2007)标准规定的品质指标要求,掺有 16.0% 的矿渣和粉煤灰混合材,具体指标见表 2-1。

表 2-1 水泥性能指标

品种指标	单位	标准值	检测值	品质指标	单位	标准值	检测值
比表面积	m^2/kg	≥300	349	烧失量	%	≤5.0	3.82
初凝时间	min	≥45	172	氯离子	%	≤0.06	0.018
终凝时间	min	≤600	232	3 d 抗折强度	MPa	≥3.5	5.6
沸煮安定性	—	合格	合格	28 d 抗折强度	MPa	≥6.5	8.5
三氧化硫	%	≤3.5	2.18	3 d 抗压强度	MPa	≥17.0	27.8
氧化镁	%	≤5.0	2.21	28 d 抗压强度	MPa	≥42.5	46.8

2.1.2 钢纤维

试验采用上海贝卡尔特－二钢有限公司生产的佳密克丝钢纤维,见图 2-1,产品依据 AS－10－01 标准执行。厂家提供的产品机械性能和化学成分见表 2-2 和表 2-3。

图 2-1 钢纤维

表 2-2　钢纤维的机械性能

类型	公称直径 d_f(mm)	抗拉强度 f_{ft}(MPa)	长度 l_f(mm)	长径比 l_f/d_f
切断弓形	0.55 ±10%	1 345 ±15%	35 ±10%	64

表 2-3　钢纤维的化学成分

元素	C(碳)	Si(硅)	Mn(锰)	P(磷)	S(硫)
含量(%)	≤0.10	≤0.30	≤0.60	≤0.035	≤0.035

2.1.3　聚丙烯纤维

聚丙烯纤维为 Dura Fiber(杜拉纤维),见图 2-2,无吸水性,导热性和导电性极低,含湿量小于 0.1%,其他主要技术指标见表 2-4。

图 2-2　聚丙烯纤维

表 2-4　聚丙烯纤维主要技术指标

密度	熔点	燃点	拉伸极限	抗拉强度	含湿量	弹性模量
0.9 g/cm³	160 ℃	580 ℃	15%	276 MPa	<0.1%	3 793 MPa

2.1.4　粗骨料

试验采用的粗骨料为粒径 5 ~ 20 mm 的石灰石碎石,连续级配,级配曲线见图 2-3,表观密度为 2 725 kg/m³,堆积密度为 1 518 kg/m³。各项指标符合《建设用卵石、碎石》(GB/T 14685—2011)的相关要求。

2.1.5　细骨料

试验所用细骨料为级配良好的天然河砂,级配曲线见图 2-4,细度模数为 2.73,属中砂,表观密度为 2 659 kg/m³,堆积密度为 1 628 kg/m³。各项指标符合《建设用砂》(GB/T 14684—2011)的相关要求。

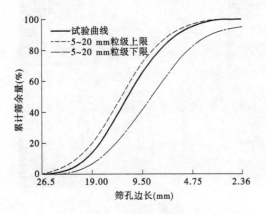

图 2-3 粗骨料级配曲线

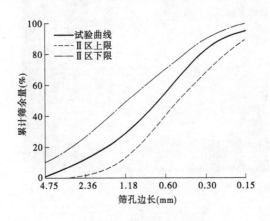

图 2-4 细骨料级配曲线

2.1.6 纳米矿粉

试验所采用的纳米矿粉为纳米二氧化硅(nano – SiO$_2$)和纳米碳酸钙(nano – CaCO$_3$), 见图 2-5 和图 2-6。NS 和 NC 的 XRD 衍射图谱见图 2-7。厂家提供的纳米矿粉各项物理指标见表 2-5。

表 2-5 纳米矿粉各项物理指标

纳米矿粉	物理状态	主含量（%）	平均粒径（nm）	比表面积（m^2/g）	表观密度（g/L）	pH 值
NS	白色粉末	≥99.5	30	200 ± 10	40 ~ 60	5.0 ~ 7.0
NC	白色粉末	≥98.5	15 ~ 40	24 ~ 32	680	8.0 ~ 9.0

2.1.7 水

试验采用普通生活用水,各项指标符合《混凝土用水标准》(JGJ 63—2006)的相关要

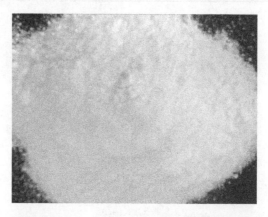

图 2-5　NS

图 2-6　NC

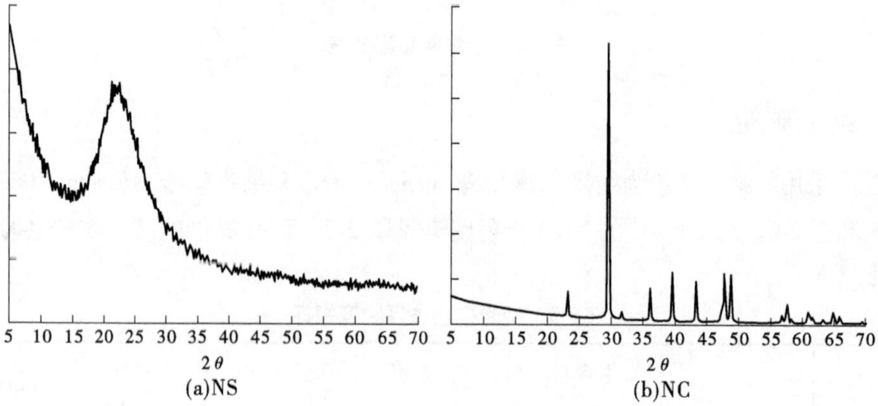

（a)NS

（b)NC

图 2-7　纳米材料 XRD 衍射图谱

求。

2.1.8　外加剂

试验采用的外加剂为聚羧酸液态高效减水剂，产品按照《混凝土外加剂》（GB 8076—2008）标准执行。

2.2　参数设计

　　试验主要研究温度(25 ℃、200 ℃、400 ℃、600 ℃、800 ℃)、钢纤维体积率(0%、0.5%、1.0%、1.5%),NS 掺量(0%、0.5%、1.0%、1.5%),NC 掺量(0%、1.0%、2.0%、3.0%)和混凝土强度等级(C40、C60、C80)对纤维纳米混凝土常温及高温中力学性能的影响,其中纳米材料掺量表示替代同等质量水泥的比例。试件具体分组及参数变化见表 2-6。

表 2-6　试件具体分组及参数变化

影响因素	试件编号	基体强度等级	钢纤维体积率	NS 掺量	NC 掺量	聚丙烯纤维体积率
基本组	C60SF0NS0	C60	0%	0%	0%	0.1%
钢纤维	C60SF0NS10	C60	0%	1.0%	0%	0.1%
	C60SF05NS10		0.5%			0.1%
	C60SF10NS10		1.0%			0.1%
	C60SF15NS10		1.5%			0.1%
NS	C60SF10NS0	C60	1.0%	0%	0%	0.1%
	C60SF10NS05			0.5%		0.1%
	C60SF10NS10			1.0%		0.1%
	C60SF10NS15			1.5%		0.1%
NC	C60SF10NC0	C60	1.0%	0%	0%	0.1%
	C60SF10NC10				1.0%	0.1%
	C60SF10NC20				2.0%	0.1%
	C60SF10NC30				3.0%	0.1%
基体强度等级	C40SF10NS10	C40	1.0%	1.0%	0%	0.1%
	C60SF10NS10	C60				0.1%
	C80SF10NS10	C80				0.1%

　　表 2-6 的试件编号按照字母加数字的组合方式表示:第 1 个字母和其后的 2 个数字表示混凝土强度等级,包括 C40、C60 和 C80;中间 2 个字母和数字代表钢纤维及其体积率,如 SF10 表示钢纤维体积率为 1.0%;最后 2 个字母和数字代表纳米材料及其掺量,如 NS05 表示 NS 掺量为 0.5%,NC30 表示 NC 掺量为 3.0%。表中编号相同的均为同一组试件,C60SF10NS0 和 C60SF10NC0 也是同一组试件。此外,在混凝土中加入聚丙烯纤维主要是防止混凝土高温爆裂,并未研究不同掺量时对混凝土常温及高温中力学性能的影响,各组试件掺量相同,试件编号中不再反映聚丙烯纤维掺量。

2.3　试验设备

2.3.1　常温下力学性能试验设备

常温下纤维纳米混凝土基本力学性能试验包括抗压强度、劈拉性能、抗剪性能和弯曲韧性试验。其中抗压强度、劈拉性能和抗剪性能试验在 3 000 kN 的电液伺服压力试验机上进行,见图 2-8;荷载传感器和位移计上的荷载和变形数据由 IMP 分散式数据采集器同步采集。弯曲韧性试验在 MTS322 电液伺服式疲劳试验机上进行,见图 2-9;加载系统的控制盒可同时采集荷载和变形数据,并反馈到计算机上。

图 2-8　3 000 kN 电液伺服压力试验机及数据采集系统

图 2-9　MTS322 电液伺服式疲劳试验机及控制系统

2.3.2　高温中力学性能试验设备

高温中纤维纳米混凝土基本力学性能试验包括抗压强度、轴压性能、劈拉性能和弯曲韧性试验,在实验室自行研制的三个混凝土材料高温中力学性能试验机上进行,见图 2-10和图 2-11。试验机包括用于对混凝土试件施加压力的加载设备、用于加热混凝土试件的升温设备以及用于测量混凝土试件变形量的位移采集装置;三者可协同工作,实现升温与加载协同,加载与量测同步。

图2-10　高温中混凝土材料力学性能试验设备

(a)抗压强度　　　　　　　　　(b)轴压性能

(c)劈拉性能　　　　　　　　　(d)弯曲韧性

图2-11　高温中纤维纳米混凝土力学性能试验

2.3.3　微观性能试验设备

本书所采用的微观性能试验设备包括 PANalytical X'PERT³ POWDER X 射线衍射分析仪(XRD)和 ZEISS EVO HD15 电子扫描显微镜(SEM),见图2-12 和图2-13。

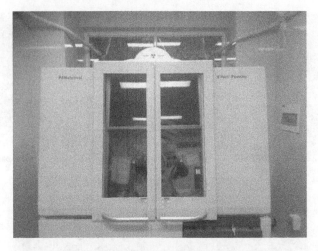

图 2-12　X 射线衍射分析仪（XRD）

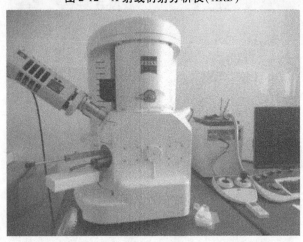

图 2-13　电子扫描显微镜（SEM）

2.4　小　结

　　本章主要介绍了试验所采用的原材料、试验参数设计和试验设备。具体的试验方法和结果分析将在本书后几章分别介绍。

参考文献

［1］中华人民共和国国家质量监督检验检疫总局，中华人民共和国标准化管理委员会. 通用硅酸盐水泥：GB 175—2007［S］. 北京：中国标准出版社，2007.

［2］中华人民共和国国家质量监督检验检疫总局，中华人民共和国标准化管理委员会. 建设用卵石、碎石：GB/T 14685—2011［S］. 北京：中国标准出版社，2011.

［3］中华人民共和国国家质量监督检验检疫总局，中华人民共和国标准化管理委员会. 建设用砂：GB/T 14684—2011［S］. 北京：中国标准出版社，2011.

［4］中华人民共和国建设部. 混凝土用水标准:JGJ 63—2006［S］. 北京:中国建筑工业出版社,2006.

［5］中华人民共和国国家质量监督检验检疫总局,中华人民共和国标准化管理委员会. 混凝土外加剂: GB 8076—2008［S］. 北京:中国标准出版社,2008.

［6］高丹盈,赵亮平,赵军,等. 混凝土材料高温中抗压试验机:ZL201521067350.6［P］. 中国专利,实用新型,2016-06-01.

［7］高丹盈,赵亮平,赵军,等. 混凝土材料高温中劈拉试验机:ZL201521067334.7［P］. 中国专利,实用新型,2016-05-25.

［8］高丹盈,赵亮平,赵军,等. 混凝土材料高温中弯曲试验机:ZL201521067426.5［P］. 中国专利,实用新型,2016-05-25.

3　纤维纳米混凝土配合比设计与计算方法

3.1　引　言

混凝土是当代土木工程领域中应用最为广泛的建筑材料。随着混凝土材料技术的发展,尤其是高效减水剂的引入,混凝土的各种工程性能不断提高,混凝土的应用领域也更为广泛。工程施工方法不断创新,混凝土结构设计在高度、体形等方面也趋向极端化,这些发展都对混凝土的强度、耐久性和工作性提出了更高、更苛刻的要求。因此,混凝土配合比设计方法迄今为止依然是混凝土材料与工程技术研究的一个重点。

随着工程技术的进步与革新,混凝土结构在高度、跨度、体形等方面越来越复杂,对混凝土材料也提出了更高、更苛刻的要求。各种性能优良的特种混凝土,如高性能混凝土、纤维混凝土、自密实混凝土和再生混凝土等应运而生。与普通混凝土相比,影响特种混凝土配合比的因素更多,对配合比设计提出了更高的要求。

纤维纳米混凝土是在混凝土中加入适量纤维和纳米材料所形成的一种性能优良的新型建筑材料,通过充分发挥纳米材料在微观和纤维在细宏观对混凝土的增强作用,实现了微观与细宏观增强的复合。目前,对纤维混凝土的研究主要集中在其材料的基本力学性能、纤维混凝土构件或结构的受力性能等,而对纤维混凝土配合比设计方面的研究相对较少。同时,纳米混凝土的研究也主要集中在其微观结构、力学性能和耐久性方面,较少涉及纳米混凝土的配合比设计。因此,有必要针对性地研究和探讨纤维纳米混凝土的配合比设计。

由于纤维类型、长度、长径比等因素都会对纤维混凝土的工作性和力学性能产生较大影响,纤维混凝土的配合比设计较普通混凝土更加复杂,离散性也更大,不同研究者的试验结果往往有较大差异。相比纤维混凝土,纤维纳米混凝土中影响配合比设计的因素更多,应用传统配合比设计方法试验量较大,且所得结果的广泛适用性难以保证。目前,国内外对普通混凝土、高性能混凝土和纤维混凝土的配合比已有较多的理论和试验研究。但对于纳米混凝土,目前的研究主要集中在其微观结构、力学性能和耐久性方面,配合比设计方面研究较少。对纤维纳米混凝土的配合比设计更是很少涉及,相比纤维混凝土,影响纤维纳米混凝土配合比的因素更多,配合比设计也更加复杂,且采用传统配合比设计方法的试验量较大,所得结果的广泛适用性也难以保证。因此,有必要针对性地研究和探讨纤维纳米混凝土的配合比设计。本书采用基于工作性的配合比设计方法,研究纳米材料和纤维对混凝土工作性的影响,进而得到满足工作性要求的纤维纳米混凝土的最优配合比。

3.2 纤维纳米混凝土配合比试验与分析

3.2.1 理论基础

3.2.1.1 混凝土配合比设计方法理论

混凝土配合比设计是为了更好地获得新拌混凝土的工作性、硬化混凝土的强度和耐久性、混凝土生产成本的经济性等性能的混凝土而进行的原材料组分设计。混凝土拌和物工作性设计在配合比设计中占有重要的地位。正确设计混凝土组分是获得性能优异的混凝土拌和物、保证混凝土结构质量的基础。只有按照恰当的配合比配制的混凝土拌和物,才能具有满足施工要求的工作性,才能确保硬化混凝土具有足够的强度、匀质的外观和良好的耐久性。然而,目前国内钢筋混凝土结构设计规范中仍以抗压强度为主对混凝土性能提出要求,混凝土配合比的设计依据首先强调的是抗压强度。

混凝土耐久性影响到建筑物的使用寿命和服役期内的安全性,目前已经受到足够的重视,国内各种设计标准、规范中对混凝土耐久性都提出了要求。要提高和保证混凝土的耐久性,首先要控制的性能是渗透性,因为工程实践和研究都已证明,造成混凝土劣化的物理或化学侵蚀原因,大多数都是有害介质通过水侵入混凝土构件内部而产生的。而影响渗透性的主要因素是混凝土的密实度,因此提高混凝土的密实度一直是混凝土配合比设计专注的重点。

目前,普通混凝土和高性能混凝土配合比设计具有非常丰富的试验和施工经验积累。吴中伟曾提出混凝土配合比设计的四项主要定则:

(1)灰水比定则。硬化混凝土的强度由混凝土灰水比的大小决定,其与灰水比成正比。灰水比还影响硬化混凝土的密实度。

(2)混凝土密实体积定则。石子堆积组成混凝土的骨架后,产生的空隙体积由砂子填充,浆体填充砂、石混合堆积产生的空隙,为使混凝土拌和物具有工作性,浆体也包裹在砂、石表面,从而减小砂、石在运动和变形时产生的摩擦力。混凝土总体积为砂、石、水、胶凝材料的密实体积与混凝土内部空气体积之和。这一定则是绝对体积法设计混凝土配合比的基础。

(3)最小单位加水量或最小胶凝材料用量定则。考虑硬化混凝土稳定性的需要,当原材料一定时,固定了灰水比后,选用满足工作性要求的最小浆体数量,这样还可以降低混凝土的造价。

(4)最小水泥用量定则。胶凝材料中的水泥用量应选择满足混凝土早期强度要求的最小用量,可降低混凝土的水化温升、提高混凝土抵抗环境侵蚀的能力。

从这些定则不难看出,第(1)和第(2)条主要关注的是硬化混凝土的强度和密实度,第(3)条虽然考虑了满足工作性要求,但重点在混凝土的体积稳定性和经济性。第(4)条则是从混凝土抵抗环境的物理化学作用的角度出发,要求尽量减少胶凝材料中水泥用量。这里与水泥用量联系更多的是早期混凝土的温升和抗裂性能。随着近年来混凝土施工工艺的发展,第(2)条定则的硬化混凝土以石子为骨架的概念已经不再正确。混凝土中石子都未形成相互搭接的骨架,而是悬浮在砂浆之中,砂子则悬浮在水泥浆之中。只有这种悬浮状态才能满足混凝土的工作性要求,而这恰恰是混凝土生产和施工单位十分关注的性能。

根据最大密实度理论,骨料尤其是粗骨料在混凝土中占的体积应尽可能的多,骨料颗粒之间的空隙由浆体填充。然而按照最大密实度理论配制的混凝土工作性往往很差,在施工中无法获得广泛应用。如果浆体仅填充骨料间空隙,则混凝土拌和物将不能流动和变形,即新拌混凝土不具有工作性(干硬性混凝土除外)。实际上,根据不同的施工方法,相对于骨料堆积空隙率来说,必须使浆体有一定不同的富余量,不仅要包裹骨料,还要考虑由施工方法所造成的骨料运动和变形所需空间。实际上,浆体除用于填满骨料堆积产生的空隙外,还要有所富余,从而起到包裹和隔离骨料的作用,使新拌混凝土具有较好的工作性。

混凝土中的浆体作用可分为两部分:其一是用于填满骨料堆积产生的空隙;其二是包裹和隔离骨料的浆体,以使新拌混凝土具有工作性(稳定的流动和变形)。"最大堆积密实度理论"的另一不足在于没有考虑骨料(尤其是砂子)比表面积对浆体数量的影响。混凝土中的最小浆体数量应该是满足工作性要求下的最小数量,而这个数量往往都大于按"最大堆积密度理论"得到的配制混凝土最经济的数量。

考虑骨料比表面积对浆体数量的影响,在混凝土配合比设计中,采用的砂率是满足工作性要求的最优砂率,而不是按骨料堆积形成的最小空隙时得到的砂率。要得到良好的工作性,实际配制混凝土时,砂体积应超过填充石子间空隙所需砂的体积;单位混凝土体积中实际情况是,石子的骨架将被多余的砂体积撑开,石子分散在砂中,而不是相互搭接的骨架;浆体的体积超过填充混凝土骨料堆积形成空隙体积,多余的浆体体积将把骨料的体积撑开,骨料作为固体颗粒分散到浆体中。"最大密实度理论"只是假设了混凝土骨料在静止时态和终态点的理想状态,没有考虑生产、运输、施工过程的需要,浆体需要为骨料的运动和变形提供空间。具有良好工作性的新拌混凝土拌和物在生产、运输和施工过程中必须可以稳定地流动和变形,拌和物应具有足够的浆体,保证骨料颗粒运动、变形的空间。

因此,"最大密实度理论"对于基于工作性的混凝土配合比设计方法缺乏指导性。在实际工作中,预拌混凝土企业更多地是从原材料的实际出发设计混凝土配合比。除水胶比与强度和耐久性这些刚性的约束关系外,其他因素的影响比较有弹性,这为工作性的设计提供了发展空间。国内外许多学者在混凝土配合比设计理论和优化方法方面做了以下尝试:

(1)配置几组不同砂率的骨料,测定各组混合骨料堆积产生的空隙率,选择骨料堆积空隙率最小的砂率;然后进行骨料对浆体富余量的影响和富余浆体与混凝土拌和物工作性之间关系的试验,目的是研究骨料堆积物空隙率与其表面积的综合效应;再考虑掺和料和砂子细度模数的影响,确定最优砂率。按常规的试配,确定配合比。

(2)测定不同砂率的混合骨料堆积的空隙率,选择混合骨料堆积空隙率最小时的砂率为最优砂率;再通过用对所选骨料比率对混凝土进行强度和工作性试验验证;对不同浆体含量的混凝土进行工作性测试,确定最优的浆体数量。

（3）根据混凝土工作性指标，利用标准的检测方法测试并获得骨料的混合堆积空隙率最小时的砂率；再根据混凝土工作性要求获得浆体数量，根据水胶比、砂率等计算混凝土各组分。

由于现代工程施工对新拌混凝土的工作性要求越来越高，"最大密实度理论"作为混凝土配合比设计的理论基础，有明显的局限性。虽然，国内外的学者在研究高性能混凝土时，也对从混凝土工作性角度考虑配合比设计方法做了一些探讨。但是，系统地从混凝土拌和物的流变特性来考虑纤维纳米混凝土配合比设计的研究还是空白。

3.2.1.2　纤维纳米混凝土配合比设计方法

混凝土理想的空间架构是：细骨料除要填充粗骨料堆积形成的空隙外，还要有所富余，将粗骨料的骨架撑开，使粗骨料分散在细骨料中；同样，浆体除填充细骨料间的空隙外，多余的浆体将细骨料撑开，使细骨料作为固体颗粒分散到浆体中。因此，要得到良好的工作性，实际配制混凝土时，砂的体积应超过填充石子间空隙所需的体积，水泥浆体的体积应超过填充砂子间空隙所需的体积，即水泥浆体和水泥砂浆均要有富余。依照这种理念，可以得到基于工作性的 FNMRC 配合比设计方法及步骤如下：

第一步：确定水胶比。

依据《普通混凝土配合比设计规程》（JGJ 55—2011）选定水胶比：

$$W/B = m_w/m_b \tag{3-1}$$

式中　m_w——拌和水质量，kg；

　　　　m_b——胶凝材料质量，kg。

第二步：确定水泥浆体富余系数。

按照第一步选定的水胶比，并掺入适量减水剂，配制工作性良好的水泥浆。以满足砂浆的工作性要求为目的，确定砂浆中水泥浆体的富余系数：

$$k_p = V_p/V_{vs} \tag{3-2}$$

式中　k_p——浆体富余系数；

　　　　V_p——水泥浆体体积，m³；

　　　　V_{vs}——砂子松散堆积时空隙的体积，m³。

第三步：确定砂浆富余系数。

按照第二步选定的水泥浆体富余系数，配制工作性良好的砂浆，以满足混凝土的工作性为目的，确定混凝土中砂浆的富余系数：

$$k_m = V_m/V_{vg} \tag{3-3}$$

式中　k_m——砂浆富余系数；

　　　　V_m——砂浆体积，m³；

　　　　V_{vg}——石子松散堆积时空隙的体积，m³。

以上三步可以确定出配合比计算中的三个基本参数：水胶比 W/B、浆体富余系数 k_p 和砂浆富余系数 k_m，再通过数学计算即可得到混凝土中各组分的质量，确定出混凝土的配合比。显然，为了保证混凝土的工作性，k_p 和 k_m 都应大于1。纳米材料和钢纤维的加入会对 k_p 和 k_m 产生影响。

3.2.2　试验概况

3.2.2.1　试验原材料

试验所用原材料见第 2 章。按《普通混凝土用砂、石质量及检验方法标准》(JGJ 52—2006)中规定的试验方法测定砂、石的表观密度和堆积密度,并计算出砂、石松散堆积时的空隙率和空隙体积。按《普通混凝土配合比设计规程》(JGJ 55—2011)选定 C40、C60、C80 混凝土的水胶比分别为 0.47、0.31、0.27,相应的减水剂掺量分别取水泥质量的0.75%、1.0%、1.25%。

3.2.2.2　砂子、石子饱和面干含水率试验

1. 砂子的饱和面干含水率试验

(1)试验仪器:天平、饱和面干试模、钢制捣棒、干燥器、吹风机、浅盘、料勺、玻璃棒、比重瓶、烘箱等。

(2)试样准备:将拌匀的样品装入浅盘,注入清水,使水面高出试样表面 2 cm 左右,水温控制在(20 ±5)℃。搅拌排除气泡,静置 24 h 后,倒去试样上的水,用吸管吸去余水。

(3)试验步骤:把试样摊在浅盘中,用吹风机缓缓吹风,并不断翻拌试样,使砂子表面的水分均匀蒸发。将试样松散地一次装满饱和面干试模,捣棒端面距试样表面不超过 10 mm,自由落下,捣 25 次,垂直提起试模。然后烘干,测试此时砂子的含水率。

2. 石子饱和面干含水率试验

(1)试验仪器:烘箱、天平、广口瓶(带盖的)、钢丝刷、毛巾等。

(2)试样准备:样品用钢丝刷刷净。将所需试样置于盛水容器中 24 h。

(3)试验步骤:将浸泡 24 h 的试样从水中取出,用拧干的湿毛巾将颗粒表面的水分拭干,即成为饱和面干试样。立即称量后放入(105 ±5)℃烘箱烘至恒重。计算其吸水率。

3.2.2.3　浆体及砂浆扩展度试验

(1)试验仪器:砂浆坍落度仪由不锈钢材料制成,尺寸(内径):上口 70 mm、下口 100 mm、高 60 mm。上口周围有一深 2.5 mm 左右的圆环形凹槽,用于收集刮落的多余料浆,避免影响试验结果。水泥胶砂搅拌机、玻璃板(450 mm×450 mm)、直尺(量程不小于 300 mm,分度值不大于 0.5 mm)、量筒(500 mL)、天平(量程不小于 1 500 g,精度不大于 1 g)、小刀、水泥胶砂强度试模。

(2)测试方法和步骤:选用与收集其中一组混凝土配合比,采用与配制混凝土相同的砂子,按相同配合比配制水泥浆体和砂浆。玻璃板表面润湿且水平放置,砂浆坍落度仪内壁润湿并置于玻璃板中央,浆体或砂浆搅拌 60 s(低水灰比情况可适当延长搅拌时间),倒入坍落度仪并刮平,然后将筒竖直拔起,待浆体或砂浆流动停止后,用钢尺量测相互垂直的两个直径,取其平均值。取回全部浆体或砂浆拌匀后,制作胶砂强度试块。

3.2.2.4　浆体富余系数测定

浆体富余系数按以下步骤进行试验:

(1)C40、C60、C80 混凝土的浆体富余系数初始值分别取 2.4、2.6 和 2.8,并由式(3-2)计算出对应的砂子质量。

(2)计算出浆体富余系数每降低 0.1 时应增加的砂子质量,并称出若干份备用。

（3）按确定的水胶比和初始浆体富余系数,将水泥、水、减水剂和砂子放入水泥胶砂搅拌机中配制砂浆。

（4）测定砂浆的扩展度。玻璃板表面润湿且水平放置,砂浆坍落度仪内壁润湿并置于玻璃板中央,将配置好的砂浆倒入坍落度仪并刮平,然后将筒竖直拔起,待砂浆流动停止后,用钢尺量测相互垂直的两个直径,取其平均值。

（5）将步骤（2）准备的砂子加一份到配好的砂浆中,再次搅拌并测定扩展度,如此往复,直至砂浆的扩展度有非常显著的下降,取前一次的浆体富余系数作为最佳浆体富余系数值;每次扩展度测量完毕之后,立即将玻璃板上的砂浆倒回,注意尽量减少砂浆量的损失;每次搅拌应充分。

（6）考虑 NS 的影响。在确定的水胶比和初始浆体富余系数的基础上,用 0.5% 的 NS 替代水泥,重复步骤（2）～（5）,测定相应的浆体富余系数;再分别用 1.0% 和 1.5% 的 NS 替代水泥,依照相同的方法测定相应的浆体富余系数,从而得出 NS 掺量对浆体富余系数的影响。

（7）考虑 NC 的影响。按步骤（6）的方法得出 NC 掺量（1.0%、2.0%、3.0%）对浆体富余系数的影响。

3.2.2.5 砂浆富余系数测定

砂浆富余系数按以下步骤进行试验:

（1）按浆体富余系数试验确定的最优砂浆组分作为基质,取砂浆富余系数 3.0 作为初始值,并按式（3-3）计算出相应的石子量。

（2）计算出砂浆富余系数每降低 0.2 时应增加的石子质量,并称出若干份备用。

（3）按已确定的水胶比和初始浆体富余系数,将水泥、水、减水剂、砂子和石子放入强制式混凝土搅拌机中配制混凝土。

（4）按照《普通混凝土拌合物性能试验方法标准》（GB/T 50080—2016）的要求测定混凝土拌和物的坍落度和扩展度。

（5）将步骤（2）准备的石子加一份到配好的混凝土中,再次搅拌并测定坍落度和扩展度,如此往复,直至混凝土的坍落度和扩展度不满足工作性的要求,取前一次的砂浆富余系数作为最佳砂浆富余系数值;每次坍落度和扩展度测量完毕之后,立即将混凝土倒回,注意尽量减少混凝土的损失,每次搅拌应充分。

（6）考虑钢纤维体积率的影响:按浆体富余系数试验确定的最优砂浆组分作为基质,掺加 0.5% 的钢纤维,重复步骤（2）～（5）,测定相应的砂浆富余系数;再分别掺加 1.0%、1.5% 和 2.0% 的钢纤维,依照相同的方法测定相应的砂浆富余系数,从而得出钢纤维体积率对砂浆富余系数的影响。

3.2.3　试验结果与分析

图 3-1 给出了 C60 混凝土浆体富余系数的试验结果。可以看出,随浆体富余系数减小,砂浆的扩展度逐渐降低,且存在明显的转折点。浆体富余系数从 2.6 降至 1.9 的过程中,砂浆扩展度降低不太明显;浆体富余系数降至 1.8 时,砂浆扩展度显著下降。为保证混凝土的工作性,C60 混凝土的最佳浆体富余系数取为 1.9。纳米材料和混凝土强度改

变时,按此方法确定不同纳米材料掺量和不同强度等级分别对应的最佳浆体富余系数。

图 3-1　　不同浆体富余系数对应的砂浆扩展度

C60 混凝土的砂浆富余系数试验结果见图 3-2。随砂浆富余系数增大,混凝土的扩展度不断下降,转折点为 1.8。因此,取 1.8 为 C60 混凝土的最佳砂浆富余系数。钢纤维体积率变化时,按此方法确定不同钢纤维体积率分别对应的最佳砂浆富余系数。

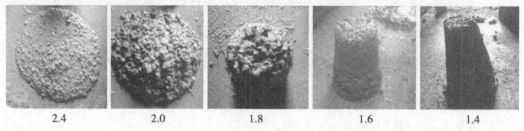

| 2.4 | 2.0 | 1.8 | 1.6 | 1.4 |

图 3-2　　不同砂浆富余系数对应的混凝土扩展度

3.2.3.1　纳米材料掺量对浆体富余系数的影响

NS 和 NC 掺量对 C60 混凝土浆体富余系数的影响分别见图 3-3 和图 3-4。由图 3-3 可见,随 NS 掺量增大,浆体富余系数明显增大,说明 NS 的掺入明显降低了砂浆的流动性。NS 掺量为 0、0.5%、1.0% 和 1.5% 时,C60 混凝土的浆体富余系数分别取为 2.0、2.1、2.3 和 2.5。从图 3-4 可以看出,随 NC 掺量增大,浆体富余系数无明显变化,说明 NC 对砂浆的流动性无显著影响。不同 NC 掺量对应的浆体富余系数可统一取为 2.0。

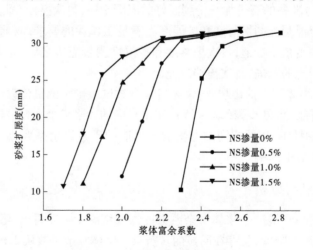

图 3-3　　NS 对浆体富余系数的影响

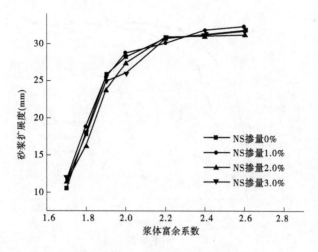

图 3-4　NC 对浆体富余系数的影响

3.2.3.2　混凝土强度对浆体富余系数的影响

未掺加 1.0% 的 NS 时,混凝土强度对浆体富余系数的影响如图 3-5 所示。随混凝土强度增大,浆体富余系数明显增大。图 3-5(a) 表明,未掺 NS 时,C40、C60 和 C80 混凝土的浆体富余系数分别取为 1.9、2.0 和 2.4。由图 3-5(b) 可见,NS 掺量为 1.0% 时,C40、C60 和 C80 混凝土的浆体富余系数分别取为 2.2、2.3 和 2.6。

3.2.3.3　纳米材料掺量对砂浆富余系数的影响

未掺加钢纤维时,NS 和 NC 掺量对 C60 混凝土砂浆富余系数的影响分别见图 3-6 和图 3-7。从图 3-6 可以看出,掺加 NS 后,混凝土的扩展度和坍落度均有所减小,说明 NS 的加入降低了混凝土的流动性,随 NS 掺量的增大,砂浆富余系数也应有所提高。由图 3-7 可见,NC 掺量 3.0% 时的混凝土扩展度和坍落度与未掺 NC 时无显著差别,说明掺加 NC 对砂浆富余系数无明显影响。

3.2.3.4　混凝土强度对砂浆富余系数的影响

未掺钢纤维时,混凝土强度对砂浆富余系数的影响见图 3-8。从图 3-8(a) 可以看出,未掺 NS 时,C60 混凝土的扩展度和坍落度与 C40 混凝土相比无明显降低,C80 混凝土则有较大降幅,说明对于未掺 NS 的混凝土,强度等级超过 C60 以后,应适当增大砂浆富余系数。由图 3-8(b) 可见,NS 掺量为 1.0% 时,随混凝土强度提高,混凝土的扩展度和坍落度逐渐降低,说明对于 NS 掺量为 1.0% 的混凝土,砂浆富余系数应随混凝土强度的提高而增大。

3.2.3.5　钢纤维体积率对砂浆富余系数的影响

掺加 1.0% 的 NS 时,钢纤维体积率对 C60 混凝土砂浆富余系数的影响见图 3-9。钢纤维体积率小于或等于 0.5% 时,混凝土仍有一定的扩展度,试验同时量测了混凝土的扩展度和坍落度,见图 3-9(a)。钢纤维体积率大于或等于 1.0% 时,混凝土的扩展度很小,试验仅量测了混凝土的坍落度,见图 3-9(b)。从图 3-9 可以看出,随钢纤维体积率增大,混凝土的扩展度和坍落度均明显降低。由于加入钢纤维后,混凝土的流动性显著降低,因此按照混凝土的坍落度不小于 35 mm 来确定最佳砂浆富余系数。

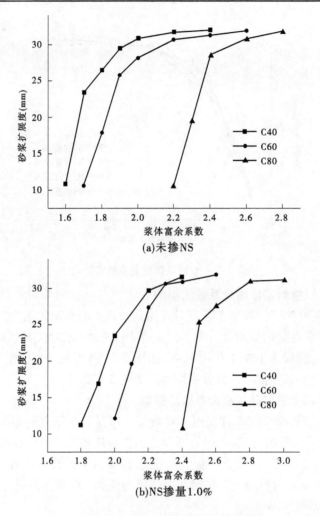

(a)未掺NS

(b)NS掺量1.0%

图 3-5　混凝土强度对浆体富余系数的影响

3.3　基于工作性的纤维纳米混凝土配合比计算方法

　　根据对本书试验结果的综合分析,浆体富余系数与纳米材料掺量和混凝土强度的关系式为

$$k_p = 1.9 + 30V_{NS} + 0.4 \times \left(\frac{f_{cu,k} - 40}{f_{cu,k}}\right)^2 \tag{3-4}$$

式中　V_{NS} ——NS 掺量,$0 \leqslant V_{NS} \leqslant 1.5\%$;

　　　　$f_{cu,k}$ ——混凝土强度值,MPa,40 MPa $\leqslant f_{cu,k} \leqslant$ 80 MPa。

　　浆体富余系数试验值与式(3-4)计算值比值的均值为 1.005 1,均方差和变异系数分别为 0.018 2 和 0.018 1,二者符合较好。

　　砂浆富余系数与纳米材料掺量、混凝土强度和钢纤维体积率之间的关系式为

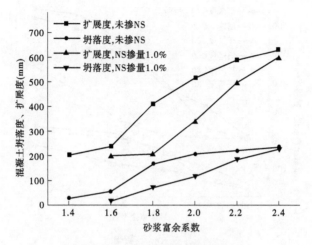

图 3-6 NS 对砂浆富余系数的影响

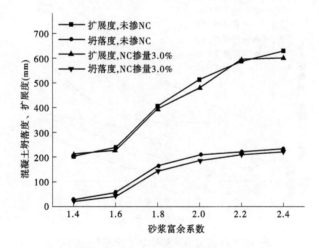

图 3-7 NC 对砂浆富余系数的影响

$$k_{\mathrm{m}} = 1.5 + 10V_{\mathrm{NS}} + 20\rho_{\mathrm{f}} + 0.3 \times \left(\frac{f_{\mathrm{cu,k}} - 40}{f_{\mathrm{cu,k}}}\right)^2 \qquad (3-5)$$

式中 ρ_{f} ——钢纤维体积率,$0 \leqslant \rho_{\mathrm{f}} \leqslant 2.0\%$。

砂浆富余系数试验值与式(3-5)计算值比值的均值为 1.013 7,均方差和变异系数分别为 0.015 2 和 0.015 0,二者符合较好。

通过试验确定出砂、石的表观密度和堆积密度、混凝土的水胶比 W/B、各因素影响下的浆体富余系数 k_{p} 和砂浆富余系数 k_{m} 之后,再通过数学计算即可得到混凝土中各组分的质量,确定出 FNMRC 的配合比。具体计算过程如下:

(1)单方 FNMRC 中石子质量计算。

$$V_{\mathrm{c}} = V_{\mathrm{g}} + V_{\mathrm{m}} = 1 \text{ m}^3 \qquad (3-6)$$

式中 V_{c} ——混凝土体积,m^3;

V_{g} ——石子体积,m^3。

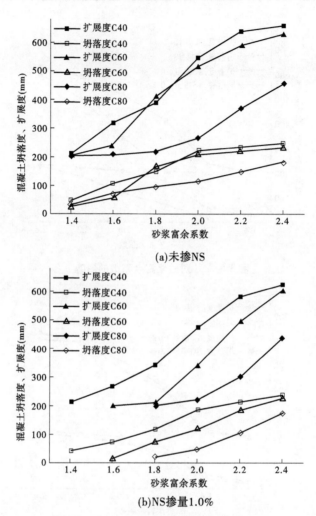

(a)未掺NS

(b)NS掺量1.0%

图3-8　混凝土强度对砂浆富余系数的影响

$$m_g = V_{Lg} \cdot \rho_{Lg} = V_g \cdot \rho_g \tag{3-7}$$

式中　m_g——石子质量,kg;

　　　V_{Lg}——石子堆积体积,m^3;

　　　ρ_{Lg}——石子堆积密度,kg/m^3;

　　　ρ_g——石子表观密度,kg/m^3。

$$\varphi_g = V_{vg}/V_{Lg} \times 100\% = \frac{V_{Lg} - V_g}{V_{Lg}} \times 100\% = (1 - \rho_{Lg}/\rho_g) \times 100\% \tag{3-8}$$

式中　φ_g——石子松散堆积时的空隙率(%);

　　　V_{vg}——石子松散堆积时空隙的体积,m^3。

式(3-3)、式(3-6)和式(3-8)联立,即可求出石子体积 V_g 及砂浆体积 V_m,再将所得结果代入式(3-7)即可求出石子质量。

(2)砂子质量计算。

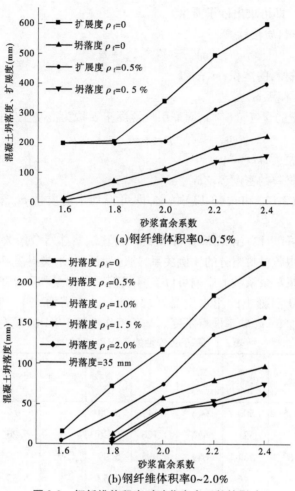

(a)钢纤维体积率0~0.5%

(b)钢纤维体积率0~2.0%

图3-9 钢纤维体积率对砂浆富余系数的影响

$$V_m = V_p + V_s \tag{3-9}$$

式中 V_p——浆体体积,m^3;

V_s——砂子体积,m^3。

$$m_s = V_{Ls} \cdot \rho_{Ls} = V_s \cdot \rho_s \tag{3-10}$$

式中 m_s——砂子质量,kg;

V_{Ls}——砂子堆积体积,m^3;

ρ_{Ls}——砂子堆积密度,kg/m^3;

ρ_s——砂子表观密度,kg/m^3。

$$\varphi_s = V_{vs}/V_{Ls} \times 100\% = \frac{V_{Ls} - V_s}{V_{Ls}} \times 100\% = (1 - \rho_{Ls}/\rho_s) \times 100\% \tag{3-11}$$

式中 φ_s——砂子松散堆积时的空隙率(%);

V_{vs}——砂子松散堆积时空隙的体积,m^3。

将式(3-2)、式(3-9)和式(3-11)联立,即可求出砂子体积 V_s 及浆体体积 V_p,再将所得结果代入式(3-10)即可求出砂子质量。

（3）水和胶凝材料质量计算。

$$V_p = V_b + V_w + \alpha \qquad (3\text{-}12)$$

式中　V_b——胶凝材料的体积，m^3；

　　　　V_w——水的体积，m^3；

　　　　α——混凝土的含气量(%)，对非引气混凝土 α 取为混凝土体积的1%。

$$m_w = V_w \cdot \rho_w ; \quad m_b = V_b \cdot \rho_b \qquad (3\text{-}13)$$

式中　ρ_w——水的密度，kg/m^3；

　　　　ρ_b——胶凝材料的密度，kg/m^3。

将式(3-1)、式(3-12)和式(3-13)联立，即可得到水的质量 m_w 和胶凝材料的质量 m_b。

通过上述内容可以计算出 FNMRC 的最终配合比。浆体富余系数和砂浆富余系数实质上反映了混凝土中各材料组分的比例关系，通过计算，纳米材料掺量和钢纤维体积率对浆体富余系数和砂浆富余系数的影响可以换算成其对用水量和砂率的影响：钢纤维体积率每增大0.5%，C60 混凝土的用水量需增加 4 kg，砂率需增大 1.2%；NS 掺量每增大0.5%，用水量需增加 5 kg，砂率保持不变。基于工作性的 FNMRC 配合比如表 3-1 所示。

表 3-1　基于工作性的 FNMRC 配合比　　　　　　　　　　（单位：kg/m^3）

试件编号	水	水泥	砂	石	减水剂	钢纤维	NS	NC	抗压强度（MPa）
C60SF0NS0	155	500	646	1 149	5.00	0	0	0	65.88
C60SF0NS10	163	521	634	1 126	5.26	0	5.26	0	65.95
C60SF05NS10	167	534	649	1 095	5.39	39	5.39	0	73.80
C60SF10NS10	171	546	663	1 063	5.52	78	5.52	0	72.58
C60SF15NS10	175	559	677	1 033	5.65	117	5.65	0	75.44
C60SF20NS10	179	571	691	1 003	5.77	156	5.77	0	79.87
C60SF10NS0	161	519	680	1 090	5.19	78	0	0	74.92
C60SF10NS05	166	532	671	1 077	5.35	78	2.68	0	75.35
C60SF10NS10	171	546	663	1 063	5.52	78	5.56	0	72.58
C60SF10NS15	176	559	655	1 050	5.68	78	8.52	0	73.48
C60SF10NC0	163	521	634	1 126	5.26	78	0	0	74.92
C60SF10NC10	163	521	634	1 126	5.26	78	0	5.27	75.87
C60SF10NC20	163	521	634	1 126	5.26	78	0	10.54	73.43
C60SF10NC30	163	521	634	1 126	5.26	78	0	15.81	71.50
C40SF10NS10	195	411	736	1 104	3.11	78	4.15	0	55.63
C60SF10NS10	171	546	663	1 063	5.52	78	5.52	0	72.58
C80SF10NS10	159	582	595	1 108	7.35	78	5.88	0	86.92

传统配合比设计方法受原材料(如砂石粒径、级配和形状等)的影响较大,不同原材料产地甚至批次都会影响到混凝土的配合比,使得配合比试验的结论难以适用于其他试验或工程。该方法引入的浆体富余系数和砂浆富余系数数值较为稳定,受其他因素影响较小,只需测量出砂石的表观密度和堆积密度等材料基础数据即可。一方面提高了配合比试验结果的普遍适用性,另一方面将部分混凝土的工作性试验转化为砂浆的试验,大大减少了试验量。从表 3-1 可以看出,该方法配制的 FNMRC 既满足了工作性的要求,又能达到预期的强度。

3.4 小 结

本章考虑 FNMRC 的工作性要求,通过引入浆体富余系数和砂浆富余系数,提出了基于工作性的 FNMRC 的配合比设计方法。通过试验测定了纳米材料掺量、混凝土强度等级和钢纤维体积率对浆体富余系数和砂浆富余系数的影响,得到了 FNMRC 浆体富余系数和砂浆富余系数的计算公式,进而确定出 FNMRC 的最优配合比。主要结论如下:

(1)随 NS 掺量和混凝土强度等级的提高,浆体富余系数显著增大;随 NC 掺量增大,浆体富余系数基本保持不变。

(2)钢纤维体积率的增大会显著提高砂浆富余系数。同时,提高 NS 掺量和混凝土强度等级也在一定程度上增大了砂浆富余系数;而 NC 对浆体富余系数无明显影响。

(3)在试验基础上得到了 FNMRC 浆体富余系数和砂浆富余系数的计算公式,计算结果与试验结果符合较好。

(4)试验结果既反映出纳米材料掺量和钢纤维体积率对浆体富余系数和砂浆富余系数的影响,又可方便地换算成纳米材料掺量和钢纤维体积率对用水量和砂率的影响,能够与通用的传统混凝土配合比设计方法接轨。

(5)与传统配比设计方法相比,基于工作性的 FNMRC 的配合比设计方法试验量小,适用性强,所得结果可同时满足 FNMRC 工作性和强度的要求。

参 考 文 献

[1] 廉慧珍,李玉琳. 当前混凝土配合比"设计"存在的问题——关于混凝土配合比选择方法的讨论之一[J]. 混凝土,2009 (3):1-5.

[2] 廉慧珍,李玉琳. 关于混凝土配合比选择方法的讨论——关于当代混凝土配合比要素的选择和配合比计算方法的建议之二[J]. 混凝土,2009 (5):1-4.

[3] 陈建奎,王栋民. 高性能混凝土(HPC)配合比设计新法——全计算法[J]. 硅酸盐学报,2000,28(2):194-198.

[4] 韩建国,阎培渝. 系统化的高性能混凝土配合比设计方法[J]. 硅酸盐学报,2006,34(8):1026-1030.

[5] 高丹盈,汤寄予,朱海堂. 钢纤维高强混凝土的配合比及基本性能研究[J]. 郑州大学学报:工学版,2004,25(3):46-51.

[6] 赵顺波,杜晖,钱晓军,等. 钢纤维高强混凝土配合比直接设计方法研究[J]. 土木工程学报,

2008，41（7）：1-6.

[7] 高丹盈，张丽娟，芦静云，等. 再生骨料混凝土配合比设计参数研究［J］. 建筑科学与工程学报，2016，33（1）：8-14.

[8] 吴中伟，廉慧珍. 高性能混凝土［M］. 北京：中国铁道出版社，1999.

[9] Soutsos M N, Domone P L J. Design of high strength concrete mixes with normal weight aggregates［C］∥ In：Proceedings of the third international symposium on utilization of high strength concrete. Lillehammer：Norwegian Concrete Association，1993：937-944.

[10] Abrams D A. Proportioning concrete mixtures［J］. ACI Journal，1992，18（2）：174-181.

[11] 韩小华. 基于工作性的混凝土配合比设计方法研究［D］. 北京：清华大学，2010.

[12] 中华人民共和国住房和城乡建设部. 普通混凝土配合比设计规程：JGJ 55—2011［S］. 北京：中国建筑工业出版社，2011.

[13] 中华人民共和国建设部. 普通混凝土用砂、石质量及检验方法标准：JGJ 52—2006［S］. 北京：中国建筑工业出版社，2007.

4　纤维纳米混凝土基本力学性能与计算方法

4.1　引　言

通过不同的技术手段提高混凝土材料的各项性能是建筑行业广泛关注的重要研究课题。在混凝土中掺加纳米材料被认为是开发更加耐久、环保的高性能混凝土的一种潜在手段。纳米材料由于具有小尺寸效应、量子效应、表面效应和晶核效应等优良特性,因而能够在从微观尺度上赋予混凝土许多不同于传统的优异性能,实现混凝土材料在微观层面的增强与改善。研究表明,纳米材料可以促进水泥浆的水化和早期氢氧化钙的形成,降低水泥浆的孔隙率和钙溶出,加速火山灰反应并提高水泥浆体的抗压和抗折强度。在混凝土中掺加纳米材料可以使其微观结构更加密实,提高混凝土的强度、抗渗透性和耐磨性。

在混凝土中掺入随机分布的纤维可以提高混凝土的强度、韧性、延性和抗冲击性能,从细观层面实现了混凝土材料的增强增韧,使纤维混凝土在土木工程行业的各个专业领域内得到了逐步推广和应用。在纤维混凝土中掺加纳米材料配制而成的纤维纳米混凝土综合利用了纳米材料在微观层面和纤维在细观层面对混凝土的增强作用,实现了微观增强和细观增强的复合化。

本章主要研究钢纤维体积率、$nano-SiO_2$ 掺量、$nano-CaCO_3$ 掺量和混凝土基体强度等级对纤维纳米混凝土抗压强度、劈拉性能、抗剪性能和弯曲韧性的影响。通过 XRD 分析和 SEM 观察,探讨纤维纳米混凝土的化学组分、微观形貌和增强机制。在此基础上,建立考虑纤维体积率、纳米材料掺量和混凝土强度等级影响的纤维纳米混凝土强度计算模型。

4.2　试验设计

试验采用的原材料见第 2 章。试验以钢纤维体积率、NS 掺量、NC 掺量和混凝土强度等级为主要参数,共设计了 13 组纤维纳米混凝土试件,具体的配合比见表 4-1。需要指出的是,为了更好地反映钢纤维和纳米材料对混凝土力学性能的影响,在第 3 章配合比设计的基础上,对相同强度等级(C60)的混凝土选用相同的用水量、水胶比和砂率,仅改变钢纤维和纳米材料的掺量。

表 4-1　　纤维纳米混凝土力学性能试验配合比　　　　　（单位：kg/m³）

试件编号	水	水泥	砂	石	减水剂	钢纤维	NS	NC
C60SF0NS0	163	526	634	1 126	5.26	—		
C60SF0NS10	163	521	634	1 126	5.26	0(0%)	5.26	
C60SF05NS10	163	521	634	1 126	5.26	39(0.5%)	5.26	
C60SF10NS10	163	521	634	1 126	5.26	78(1.0%)	5.26(1.0%)	
C60SF15NS10	163	521	634	1 126	5.26	117(1.5%)	5.26	
C60SF10NS0	163	526	634	1 126	5.26	78	0(0%)	0(0%)
C60SF10NS05	163	523	634	1 126	5.26	78	2.63(0.5%)	
C60SF10NS15	163	518	634	1 126	5.26	78	7.89(1.5%)	
C60SF10NC10	163	515	634	1 126	5.26	78	—	5.26(1.0%)
C60SF10NC20	163	521	634	1 126	5.26	78	—	10.52(2.0%)
C60SF10NC30	163	510	634	1 126	5.26	78	—	15.78(3.0%)
C40SF10NS10	195	411	736	1 104	3.11	78	4.15	
C80SF10NS10	159	582	595	1 108	7.35	78	5.88	

注：试件编号中，第 1 个字母和其后的 2 个数字表示混凝土强度等级，包括 C40、C60 和 C80；中间 2 个字母和数字代表钢纤维及其体积率，如 SF10 表示钢纤维体积率为 1.0%；最后 2 个字母和数字代表纳米材料及其掺量，如 NS05 表示 nano – SiO₂ 掺量为 0.5%，NC30 表示 NC 掺量为 3.0%。聚丙烯纤维掺量 0.9 kg/m³。

纤维纳米混凝土的抗压和劈拉试验采用 150 mm × 150 mm × 150 mm 的立方体试件，按照《普通混凝土力学性能试验方法标准》（GB/T 50081—2002）的规定，在 3 000 kN 的电液伺服压力试验机上进行试验。抗压试验仅测定抗压强度，加载速度为 0.8 MPa/s。劈拉试验同时量测荷载和横向变形，加载速度为 0.1 mm/min，测试装置在规范的基础上有所改进，见图 4-1。荷载传感器和位移计上的荷载和横向变形数据由 IMP 分散式数据采集器同步采集。试件前后两侧对称布置两个位移计，所得横向变形结果取平均值。

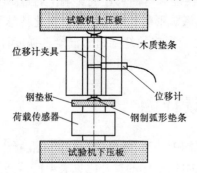

图 4-1　劈拉试验装置

抗剪试验试件尺寸为 100 mm × 100 mm × 300 mm，试验设备与劈拉试验相同，加载速度为 0.1 mm/min。参照《纤维混凝土试验方法标准》（CECS 13：2009），对试验测试装置加以改进，见图 4-2。试验同时量测荷载和剪切面处的相对变形，在试件前后两侧对角的两个剪切面布置两个位移计，所得结果取平均值。荷载传感器和位移计上的荷载和变形数据由 IMP 分散式数据采集器同步采集。

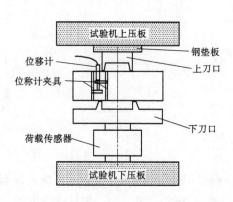

图4-2　抗剪试验装置

弯曲韧性试验试件尺寸为 100 mm × 100 mm × 400 mm，采用三分点加载。参照《纤维混凝土试验方法标准》（CECS 13：2009）和美国规范 ASTM – C1609 的规定，试验在 MTS322 电液伺服式疲劳试验机上进行，加载速度为 0.1 mm/min，见图4-3。在试件前后量测跨中对称布置两个位移计，所得跨中挠度取平均值。加载系统的控制盒可同时采集荷载和变形数据，并反馈到计算机上。

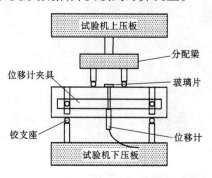

图4-3　弯曲韧性试验装置

4.3　试验结果与分析

4.3.1　纤维纳米混凝土抗压强度

按照《纤维混凝土试验方法标准》（CECS 13：2009）的规定，在 SANS 电控液压 3 000 kN 压力试验机上测定试件的抗压强度。因为试件成型过程中采用的是平板振动成型，钢纤维在混凝土中的分布由三维乱向分布趋于二维乱向分布，一定程度上减弱了钢纤维的各向同性，使其在沿垂直方向和水平方向差距较大，因此不能将上下面作为承压面，必须以成型时的侧面作为承压面，试件轴心与试验机上下压板中心对齐，加荷速度统一取 0.8

MPa/s,记录最大荷载精确到 0.01 MPa。

　　抗压强度按照式(4-1)计算:

$$f_{fc,cu} = \frac{F_{max}}{A}　　　　　　　　　(4-1)$$

式中　F_{max} ——最大荷载值,N;

　　　　A ——试件截面面积,取 22 500 mm²;

　　　　$f_{fc,cu}$ ——钢纤维混凝土立方体抗压强度,MPa。

4.3.1.1　钢纤维体积率对抗压强度的影响

　　钢纤维的作用首先体现在混凝土抗压试验时破坏形态的改善。未掺钢纤维的混凝土表现出明显的脆性特征,破坏时突然产生巨大的响声,试块严重剥落,并且碎块向四周飞溅,破坏形态呈楔形或正倒分离的四角锥形,甚至压碎,见图 4-4(a)。掺有钢纤维的试块破坏时具有一定的塑性,先听到嘈杂和撕裂的声音,随着一声沉重的闷响而最终破坏,试块基本保持完整,只在表面有细微裂纹或者近表面处有轻微剥落,见图 4-4(b)。这是由于在试件破坏过程中,贯穿于裂缝的钢纤维约束了裂缝的发展,并在拔出的过程中消耗了巨大能量,钢纤维混凝土的破坏具有一定的塑性。

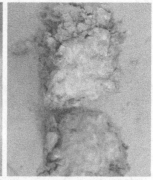

(a)未掺钢纤维

(b)掺加1.0%的钢纤维

图 4-4　混凝土受压破坏形态

　　掺入钢纤维不仅明显改善了混凝土受压时的破坏形态,对抗压强度也有一定的提高。图 4-5(a)给出了纤维纳米混凝土抗压强度和钢纤维体积率的关系。可以看出,随钢纤维体积率增大,纤维纳米混凝土抗压强度明显增大,与未掺钢纤维的试件相比,钢纤维体积率0.5%、1.0%和1.5%时的抗压强度分别提高了1%、12%和16%。

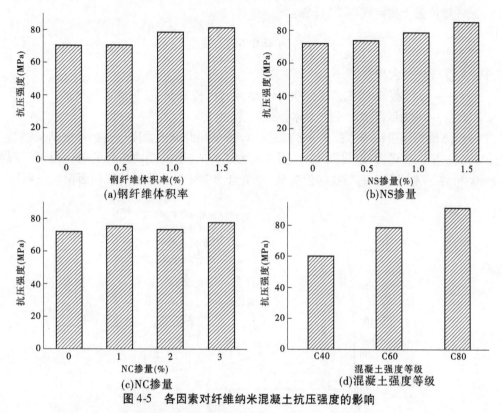

图4-5 各因素对纤维纳米混凝土抗压强度的影响

4.3.1.2 纳米材料掺量对抗压强度的影响

NS和NC掺量对纤维纳米混凝土抗压强度的影响分别见图4-5(b)和图4-5(c)。由图4-5(b)可见,纤维纳米混凝土抗压强度随NS掺量增大而明显提高。NS掺量0.5%、1.0%和1.5%时抗压强度比未掺时分别提高了3%、9%和18%。纤维纳米混凝土抗压强度随NC掺量的变化规律与掺加NS时相似,尽管NC的掺量(1.0%、2.0%、3.0%)比NS的掺量(0.5%、1.0%、1.5%)大了一倍,但其增幅低于掺加NS的。从图4-5(c)可以看出,与未掺NC的试件相比,NC掺量1.0%、2.0%和3.0%时抗压强度分别提高了5%、2%和8%。

4.3.1.3 混凝土强度等级对抗压强度的影响

纤维纳米混凝土抗压强度和混凝土强度等级的关系见图4-5(d)。可以看出,随混凝土强度等级增大,纤维纳米混凝土抗压强度显著增大,C60和C80混凝土的抗压强度分别比C40混凝土提高了31%和52%。

4.3.2 纤维纳米混凝土劈拉性能

按照《纤维混凝土试验方法标准》(CECS 13:2009)的规定,在SANS电控液压3 000 kN压力试验机上进行劈拉试验。需要注意的是,试件成型时的顶面和底面必须是被劈裂面,而不能作为承载面。劈拉试验之前预先画出劈裂位置,加载速度统一采用 0.1 mm/min,记录最大荷载精确到 0.01 mm。

试件劈拉强度按照式(4-2)计算:

$$f_{\text{fc,spt}} = 0.637\frac{F_{\max}}{A} \tag{4-2}$$

式中　$F_{\max}$ ——最大荷载值,N;

　　　　A ——试件截面面积,取 22 500 m², 试件为边长 150 mm 的立方体试件;

　　　　$f_{\text{fc,spt}}$ ——钢纤维混凝土立方体劈拉强度,MPa。

试验测得不同钢纤维体积率、NS 掺量、NC 掺量和混凝土强度等级的纤维纳米混凝土劈拉荷载—横向变形曲线,见图 4-6 ~ 图 4-9,为了便于比较,横向变形的最大值统一取为 3 mm。纤维纳米混凝土的劈拉峰值荷载、峰值点横向变形和曲线的下包面积见表 4-2。

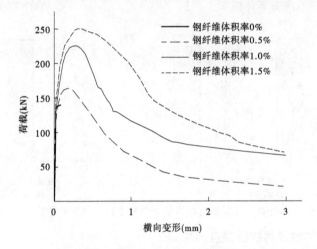

图 4-6　不同钢纤维体积率的 FNMRC 劈拉荷载—横向变形曲线

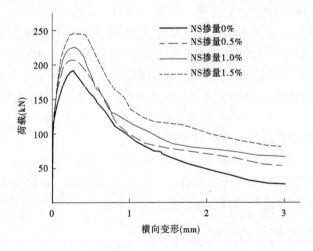

图 4-7　不同 NS 掺量 FNMRC 劈拉荷载—横向变形曲线

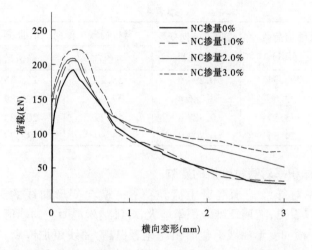

图 4-8 不同 NC 掺量的 FNMRC 劈拉荷载—横向变形曲线

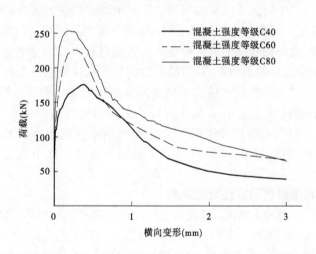

图 4-9 不同混凝土强度等级的 FNMRC 劈拉荷载—横向变形曲线

表 4-2 纤维纳米混凝土劈拉性能试验结果

试件编号	峰值荷载（kN）	峰值点横向变形（mm）	劈拉荷载—横向变形曲线下包面积（N·m）		
			峰值前	峰值后	总面积
C60SF0NS0	130.49	0.066 4	5.54	—	5.54
C60SF0NS10	140.36	0.097 0	11.30	—	11.30
C60SF05NS10	166.06	0.206 9	30.87	157.12	187.99
C60SF10NS10	226.60	0.279 8	53.80	282.37	336.16
C60SF15NS10	252.39	0.326 0	70.19	377.85	448.04
C60SF10NS0	192.36	0.279 8	45.28	205.27	250.55
C60SF10NS05	208.32	0.273 5	50.07	255.75	305.82
C60SF10NS15	247.45	0.288 5	58.54	346.28	404.82
C60SF10NC10	208.51	0.292 6	52.01	205.33	257.33

注:表中总面积为绘图软件自动生成的,与实际计算结果有误差,下同。

续表 4-2

试件编号	峰值荷载（kN）	峰值点横向变形（mm）	劈拉荷载—横向变形曲线下包面积（N·m）		
			峰值前	峰值后	总面积
C60SF10NC20	209.34	0.294 6	55.22	266.35	321.56
C60SF10NC30	222.66	0.286 4	57.04	295.89	352.93
C40SF10NS10	175.59	0.387 3	58.39	205.33	263.73
C80SF10NS10	254.56	0.203 9	53.80	282.37	336.16

4.3.2.1 钢纤维体积率对劈拉性能的影响

钢纤维体积率对纤维纳米混凝土劈拉荷载—横向变形曲线的影响见图 4-6。从图 4-6 和表 4-2 可以看出，随钢纤维体积率增大，纤维纳米混凝土的峰值荷载、峰值点横向变形和劈拉荷载—横向变形曲线下包面积均显著提高，曲线更加饱满。与未掺钢纤维的试件相比，钢纤维体积率 0.5%、1.0% 和 1.5% 时峰值荷载分别提高了 18%、61% 和 80%，这一增幅远远高于对抗压强度的提高。钢纤维对劈拉变形能力的提高更加明显，未掺钢纤维的试件在达到峰值后突然破坏，无法测到曲线的下降段，掺加钢纤维以后，曲线具有明显的下降段，说明钢纤维的掺入使混凝土由脆性破坏变成塑性破坏。钢纤维不仅改善了混凝土达到峰值后的承载能力，对峰值前的变形和耗能能力也有显著提高，钢纤维体积率 0.5%、1.0% 和 1.5% 时峰值点横向变形分别达到未掺钢纤维时的 2.13 倍、2.88 倍和 3.36 倍，峰值前曲线下包面积也分别增长到未掺钢纤维时的 2.73 倍、4.76 倍和 6.21 倍。在适当的范围内，钢纤维体积率越大，纤维纳米混凝土的总体耗能能力越强，与掺加 0.5% 的钢纤维相比，掺加 1.0% 和 1.5% 的钢纤维使曲线下包总面积分别提高了 79% 和 138%。

4.3.2.2 纳米材料掺量对劈拉性能的影响

不同 NS 和 NC 掺量的 FNMRC 劈拉荷载—横向变形曲线见图 4-7 和图 4-8。由图 4-7 和表 4-2 可见，随 NS 掺量增大，FNMRC 的劈拉荷载—横向变形曲线更为饱满，曲线下包面积显著增大，峰值荷载也逐渐提高。NS 掺量 0.5%、1.0% 和 1.5% 时峰值荷载比未掺时分别提高了 8%、18% 和 29%，曲线下包面积分别增大了 22%、34% 和 62%。说明掺加 NS 对 FNMRC 劈拉强度和总体耗能能力有明显增强。随 NS 掺量增大，FNMRC 峰值点横向变形没有明显变化，但峰值前曲线下面积有所提高，NS 掺量 0.5%、1.0% 和 1.5% 时峰值点横向变形与未掺时的比值分别为 0.98、1.00 和 1.03，峰值前曲线下面积分别增大了 11%、19% 和 29%。说明 NS 的掺入对 FNMRC 峰值前的变形能力没有明显影响，但对峰值前的耗能能力有所改善。

对比图 4-8 和图 4-7 可以发现，掺加 NC 对 FNMRC 劈拉性能的影响规律与掺加 NS 相似，但其改善效果不如掺加 NS 的。与未掺 NC 的试件相比，NC 掺量 3.0% 时 FNMRC 的峰值荷载、峰值点横向变形、峰值前曲线下包面积和总下包面积分别提高了 16%、2%、26% 和 41%。不管是掺加 NS 还是 NC，其对 FNMRC 劈拉性能的改善效果均明显优于抗压强度。

4.3.2.3 混凝土强度等级对劈拉性能的影响

混凝土强度等级对 FNMRC 劈拉荷载—横向变形曲线的影响见图 4-9。从图 4-9 和

表4-2中可以发现以下规律：首先，随混凝土强度等级提高，FNMRC 的峰值荷载显著提高，与 C40 混凝土相比，C60 和 C80 混凝土的峰值荷载分别提高了 29% 和 45%。其次，峰值点横向变形和峰值前曲线下包面积随混凝土强度等级提高明显降低，C60 和 C80 混凝土的峰值点横向变形比 C40 混凝土分别减小了 28% 和 47%，峰值前曲线下包面积分别降低了 8% 和 25%。说明随混凝土强度等级的提高，FNMRC 峰值前的弹性性能有所增加。再次，混凝土强度等级越高，劈拉荷载—横向变形曲线峰值后的下降段越陡，说明高强混凝土体现出更大的脆性；但由于钢纤维优异的增韧作用，高强度的 FNMRC 依然表现出塑性破坏的特征，且由于其峰值荷载较高，高强混凝土的总体耗能能力明显大于低强混凝土；与 C40 混凝土相比，C60 和 C80 混凝土曲线下包总面积分别提高了 27% 和 47%。

4.3.3　纤维纳米混凝土抗剪性能

试验测得 FNMRC 的峰值荷载、峰值点剪切荷载—变形曲线的下包面积见表4-3。不同钢纤维体积率、NS 掺量、NC 掺量和混凝土强度等级对 FNMRC 剪切荷载—变形曲线分别见图4-10 ~ 图4-13，剪切变形的最大值统一取为 3 mm。

表4-3　FNMRC 抗剪性能试验结果

试件编号	峰值荷载（kN）	峰值点剪切变形（mm）	剪切荷载—变形曲线下包面积（N·m）		
			峰值前	峰值后	总面积
C60SF0NS0	120.32	0.047 7	4.78	—	4.78
C60SF0NS10	121.86	0.088 3	9.14	—	9.14
C60SF05NS10	182.88	0.150 0	19.48	258.65	278.13
C60SF10NS10	232.41	0.214 6	41.70	389.15	430.85
C60SF15NS10	255.47	0.294 0	68.41	441.21	509.62
C60SF10NS0	185.70	0.209 0	29.95	270.38	300.33
C60SF10NS05	210.88	0.219 3	34.95	346.55	381.49
C60SF10NS15	249.19	0.191 5	45.44	433.25	478.68
C60SF10NC10	208.72	0.238 7	43.88	296.16	340.04
C60SF10NC20	210.48	0.220 0	39.22	301.80	341.03
C60SF10NC30	223.34	0.226 5	47.63	328.12	375.75
C40SF10NS10	188.57	0.362 7	58.28	287.11	345.38
C80SF10NS10	259.16	0.164 7	36.61	385.30	421.91

4.3.3.1　钢纤维体积率对抗剪性能的影响

不同钢纤维体积率的 FNMRC 剪切荷载—变形曲线见图4-10。由表4-3 和图4-10 可见，随钢纤维体积率增大，FNMRC 的峰值荷载、峰值点剪切荷载—变形曲线下包面积均显

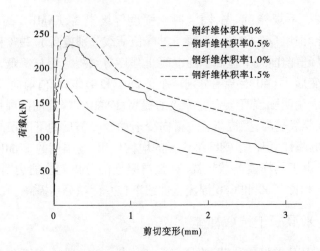

图 4-10　不同钢纤维体积率的 FNMRC 剪切荷载—变形曲线

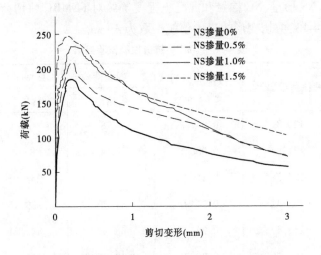

图 4-11　不同 NS 掺量 FNMRC 剪切荷载—变形曲线

著提高。与未掺钢纤维的试件相比,钢纤维体积率0.5%、1.0%和1.5%时峰值荷载分别提高了50%、91%和110%,这一增幅高于对抗压强度和劈拉强度的提高。钢纤维对剪切变形能力的提高更加明显,从图4-10可以看出,未掺钢纤维的试件在达到峰值后破坏非常突然,无法量测到曲线的下降段,掺入钢纤维以后,曲线具有明显的下降段,且钢纤维体积率越大,曲线的下降段越饱满,说明钢纤维的掺入使混凝土由脆性破坏变成塑性破坏。钢纤维不仅改善了混凝土达到峰值后的承载能力,对峰值前的变形和耗能能力也有显著提高,钢纤维体积率0.5%、1.0%和1.5%时峰值点剪切变形分别达到未掺钢纤维时的1.70倍、2.43倍和3.33倍,峰值前曲线下包面积也分别增长到未掺钢纤维时的2.13倍、4.56倍和7.48倍。在适当的范围内,钢纤维体积率越大,FNMRC的总体耗能能力越强,与掺加0.5%的钢纤维相比,掺加1.0%和1.5%的钢纤维使曲线下包总面积分别提高了55%和83%。

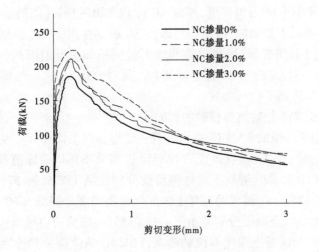

图 4-12　不同 NC 掺量的 FNMRC 剪切荷载—变形曲线

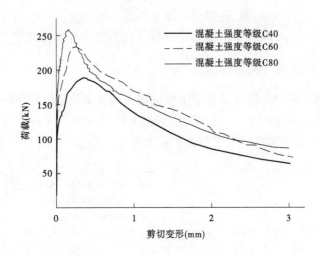

图 4-13　不同混凝土强度等级的 FNMRC 剪切荷载—变形曲线

4.3.3.2　纳米材料掺量对抗剪性能的影响

NS 掺量和 NC 掺量对 FNMRC 剪切荷载—变形曲线的影响分别见图 4-11 和图 4-12。从图 4-11 和表 4-3 可以看出,随 NS 掺量增大,FNMRC 的剪切荷载—变形曲线更为饱满,曲线下包面积显著增大,峰值荷载也逐渐提高。NS 掺量 0.5%、1.0% 和 1.5% 时峰值荷载比未掺时分别提高了 14%、25% 和 34%,曲线下包面积分别增大了 27%、43% 和 59%。说明掺加 NS 对 FNMRC 抗剪强度和总体耗能能力有明显增强,这一增幅高于对劈拉性能的提高。随 NS 掺量增大,FNMRC 峰值点剪切变形没有明显变化,但峰值前曲线下包面积有所增大,NS 掺量 0.5%、1.0% 和 1.5% 时峰值点剪切变形与未掺时的比值分别为 1.05、1.03 和 0.92,峰值点前曲线下包面积分别增大了 17%、39% 和 52%。说明 NS 的掺入对 FNMRC 峰值前的变形能力没有明显影响,但对峰值前的耗能能力有所改善。

对比图 4-12 和图 4-11 可以发现,掺加 NC 对 FNMRC 抗剪性能的影响规律与掺加 NS 的相似,但其改善效果不如掺加 NS 的。与未掺 NC 的试件相比,NC 掺量 3.0% 时 FNMRC 的峰值荷载、峰值点剪切变形、峰值点前曲线下包面积和总下包面积分别提高了 20%、8%、59% 和 25%。不管是掺加 NS 还是掺加 NC,其对 FNMRC 抗剪性能的改善效果均略高于劈拉性能,且远远高于抗压强度。

4.3.3.3　混凝土强度等级对抗剪性能的影响

不同混凝土强度等级的 FNMRC 剪切荷载—变形曲线见图 4-13。从图 4-13 和表 4-3 中可以发现以下规律:首先,随混凝土强度等级提高,FNMRC 的峰值荷载显著提高,与 C40 混凝土相比,C60 和 C80 混凝土的峰值荷载分别提高了 23% 和 37%。其次,峰值点剪切变形和峰值前曲线下包面积随混凝土强度等级提高明显降低,C60 和 C80 混凝土的峰值点剪切变形比 C40 混凝土分别减小了 41% 和 55%,峰值前曲线下包面积分别降低了 29% 和 37%。说明随混凝土强度等级的提高,FNMRC 峰值前的弹性性能有所增加。再次,混凝土强度等级越高,荷载—剪切变形曲线峰值后的下降段越陡,说明高强混凝土体现出更大的脆性;但由于钢纤维优异的增韧作用,高强度的 FNMRC 依然表现出塑性破坏的特征,且由于其峰值荷载较高,高强度混凝土的总体耗能能力依然明显大于低强度混凝土;与 C40 混凝土相比,C60 和 C80 混凝土曲线下包总面积分别提高了 25% 和 22%。

4.3.4　纤维纳米混凝土弯曲韧性

不同钢纤维体积率、NS 掺量、NC 掺量和混凝土强度等级的 FNMRC 弯曲荷载—跨中挠度曲线分别见图 4-14 ~ 图 4-17,跨中挠度的最大值统一取为 3 mm。FNMRC 的弯曲峰值荷载、峰值点跨中挠度和曲线的下包面积见表 4-4。

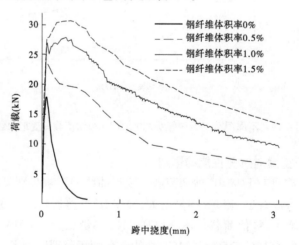

图 4-14　不同钢纤维体积率的 FNMRC 弯曲荷载—挠度曲线

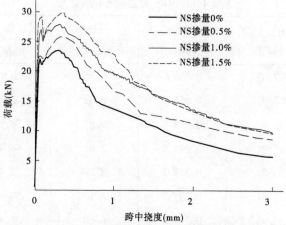

图 4-15　不同 NS 掺量 FNMRC 弯曲荷载—挠度曲线

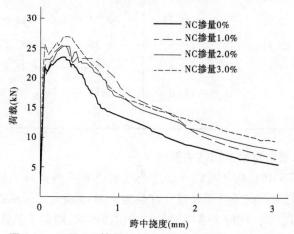

图 4-16　不同 NC 掺量的 FNMRC 弯曲荷载—挠度曲线

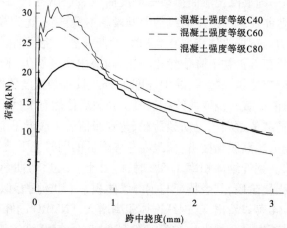

图 4-17　不同混凝土强度等级的 FNMRC 弯曲荷载—挠度曲线

表 4-4　FNMRC 弯曲韧性试验结果

试件编号	峰值点荷载（kN）	峰值点挠度（mm）	弯曲荷载—挠度曲线下包面积（N·m）		
			峰值前	峰值后	总面积
C60SF0NS0	17.03	0.053 6	0.56	1.87	2.43
C60SF0NS10	17.92	0.055 9	0.62	2.58	3.20
C60SF05NS10	23.79	0.058 1	0.83	34.62	35.44
C60SF10NS10	27.94	0.313 5	7.83	44.16	51.99
C60SF15NS10	30.71	0.379 0	10.48	52.96	63.44
C60SF10NS0	23.54	0.295 2	6.17	30.42	36.58
C60SF10NS05	25.90	0.295 4	6.60	38.41	45.01
C60SF10NS15	29.98	0.354 7	9.69	44.85	54.54
C60SF10NC10	25.72	0.305 5	6.74	38.65	45.39
C60SF10NC20	25.41	0.311 8	6.75	37.87	44.63
C60SF10NC30	27.12	0.304 4	7.28	41.10	48.38
C40SF10NS10	21.54	0.434 0	8.18	37.59	45.77
C80SF10NS10	31.06	0.164 7	3.99	44.59	48.58

4.3.4.1　钢纤维体积率对弯曲韧性的影响

钢纤维体积率 FNMRC 弯曲荷载—挠度曲线的影响见图 4-14。从图中可以看出，未掺钢纤维的试件也能测到完整的下降段。这是由于 MTS 疲劳试验机控制精度更高，当荷载超过试件最大承载力时，能够迅速调整油缸的供油速度，避免了试件遭受因试验机释放弹性能而导致的突然破坏。

不同钢纤维体积率的混凝土弯曲荷载—挠度曲线表现出各自的特点：未掺钢纤维的试件发生脆性破坏，弯曲荷载—挠度曲线的上升段基本呈直线，达到峰值点后荷载迅速下降，很快就丧失承载力。钢纤维体积率 0.5% 时，弯曲荷载—挠度曲线的上升段依然只有弹性段，混凝土开裂后荷载最初下降依然比较快，随跨中挠度增大，钢纤维的增韧作用逐渐体现出来，荷载下降速度越来越慢，跨中挠度 3 mm 时，残余强度依然有 7% 左右。掺入 1.0% 的钢纤维后，弯曲荷载—挠度曲线在混凝土开裂后依然有突然下降，但降幅很小，之后便进入强化阶段，荷载值逐渐超过初裂荷载，达到峰值后再缓慢下降；随着裂缝扩展，试件中的钢纤维自下而上逐渐脱黏拔出，荷载在总体降低的同时上下波动，弯曲荷载—挠度曲线呈明显的锯齿状。钢纤维体积率 1.5% 时，混凝土开裂后弯曲荷载—挠度曲线不再有下降段，直接进入强化阶段，其余特征与钢纤维体积率 1.0% 时相似，但曲线更加饱满。

从表 4-4 和图 4-14 可以看出，随钢纤维体积率增大，FNMRC 的峰值荷载、峰值点挠度和曲线下包面积均显著提高。与未掺钢纤维的试件相比，钢纤维体积率 0.5%、1.0% 和 1.5% 时峰值荷载分别提高了 33%、56% 和 71%，峰值点挠度分别提高到未掺时的 1.04 倍、5.61 倍和 6.79 倍，峰值前曲线下包面积分别增加到未掺时的 1.33 倍、12.64 倍和

16.91 倍,曲线下包总面积分别达到未掺时的 11.07 倍、16.23 倍和 19.81 倍。说明钢纤维均有良好的增强增韧效果,跨越裂缝的钢纤维可以延缓裂缝的产生和发展,钢纤维拔出的过程中吸收了较多的能量,对 FNMRC 抗折强度、变形能力,以及峰值前后的能量吸收能力均有非常显著的提高。

4.3.4.2　纳米材料掺量对弯曲韧性的影响

不同 NS 和 NC 掺量的 FNMRC 弯曲荷载—挠度曲线分别见图 4-15 和图 4-16。从图 4-15 和表 4-4 中可以发现以下规律:首先,随 NS 掺量增大,FNMRC 的峰值荷载逐渐提高,弯曲荷载—挠度曲线更为饱满,曲线下包面积显著增大。NS 掺量 0.5%、1.0% 和 1.5% 时峰值荷载比未掺时分别提高了 10%、19% 和 27%,曲线下包总面积分别增大了 23%、42% 和 49%。说明掺加 NS 对 FNMRC 抗折强度和总体耗能能力有明显增强。其次,随 NS 掺量增大,FNMRC 峰值点挠度和峰值点前曲线下面积均有所提高,NS 掺量 1.0% 和 1.5% 时峰值点挠度比未掺时分别提高了 6% 和 20%,峰值点前曲线下包面积分别增大了 27% 和 57%。说明 NS 的掺入对 FNMRC 峰值点前的变形能力和耗能能力均有所改善。

对比图 4-16 和图 4-15 可以发现,掺加 NC 对 FNMRC 弯曲韧性的影响规律与掺加 NS 的相似,但其改善效果不如掺加 NS 的。与未掺 NC 的试件相比,NC 掺量 3.0% 时 FNMRC 的峰值荷载、峰值点挠度、峰值点前曲线下包面积和总下包面积分别提高了 15%、3%、18% 和 32%。对比劈拉可抗剪试验的结果可以发现,不管是掺加 NS 还是掺加 NC,其对 FNMRC 弯曲韧性的改善效果均远高于抗压性能,但略低于劈拉性能和抗剪性能。

4.3.4.3　混凝土强度等级对弯曲韧性的影响

FNMRC 弯曲荷载—挠度曲线随混凝土强度等级的变化如图 4-17 所示。由表 4-4 和图 4-17 可见:随混凝土强度等级提高,FNMRC 的峰值荷载显著提高,C60 和 C80 混凝土的峰值荷载比 C40 分别提高了 30% 和 44%。峰值点挠度和峰值前曲线下包面积随混凝土强度等级提高明显降低,与 C40 混凝土相比,C60 和 C80 混凝土的峰值点挠度分别减小了 28% 和 62%,峰值前曲线下包面积分别降低了 4% 和 51%。说明随混凝土强度等级的提高,FNMRC 的脆性增大,峰值前的变形和耗能能力均有所降低。此外,混凝土强度等级越高,弯曲荷载—挠度曲线峰值后的下降段越陡,说明高强混凝土表现出更大的脆性,跨中挠度 3mm 时,C80 混凝土的残余承载力已低于 C40 和 C60 混凝土。但由于钢纤维优异的增韧作用,高强度的 FNMRC 依然表现出塑性破坏的特征,且由于其峰值荷载较高,高强混凝土的总体耗能能力依然大于低强混凝土;与 C40 混凝土相比,C60 和 C80 混凝土曲线下包总面积分别提高了 14% 和 6%。

4.4　纤维纳米混凝土强度计算方法

4.4.1　纤维纳米混凝土抗压强度计算方法

为了研究钢纤维和纳米材料对混凝土抗压强度的影响,将 FNMRC 抗压强度与未掺纤维或纳米材料的对比组抗压强度的比值定义为抗压强度增益比,即 $(f_{\text{fn,cu}} - f_{0,\text{cu}})/f_{0,\text{cu}}$。

　　通过对比分析本章和相关文献中钢纤维含量特征参数 λ_f 及纳米材料掺量 V_N 与抗压强度增益比的关系,可以消除不同文献中混凝土试件尺寸和强度等级等因素的影响,得到仅考虑钢纤维和纳米材料影响的计算参数。

　　抗压强度增益比与钢纤维含量特征参数 λ_f 的关系见图4-18。图中除本章试验结果,还对比了其他研究者对纤维混凝土和 FNMRC 的试验结果。本章和相关文献中纳米混凝土和 FNMRC 抗压强度增益比与纳米材料掺量 V_N 的关系见图4-19。

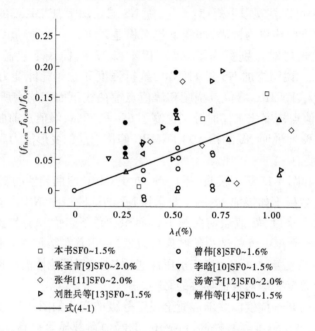

图4-18　抗压强度增益比与钢纤维含量特征参数的关系

　　结合本章试验结果和相关文献数据的对比分析,在文献[17]提出的钢纤维混凝土强度统一计算模型基础上可以得到 FNMRC 抗压强度计算公式如下:

$$f_{\text{fn,cu}} = f_{\text{cu}}(1 + \beta_1 V_N)(1 + \alpha_1 \lambda_f) \tag{4-3}$$

式中　$f_{\text{fn,cu}}$——FNMRC 抗压强度;

　　　f_{cu}——未掺纤维和纳米材料的混凝土抗压强度;

　　　λ_f——钢纤维含量特征参数,$\lambda_f = \rho_f l_f / d_f$,$\rho_f$ 为钢纤维体积率,l_f / d_f 为钢纤维长径比;

　　　V_N——纳米材料掺量;

　　　α_1 和 β_1——钢纤维和纳米材料对 FNMRC 抗压强度的影响系数。

　　通过对试验数据的回归分析,$\alpha_1 = 0.12, 0 \leq \rho_f \leq 1.5\%$;纳米材料为 NS 时,$\beta_1 = 8.80, 0 \leq V_N \leq 1.5\%$,纳米材料为 NC 时,$\beta_1 = 2.74, 0 \leq V_N \leq 3\%$。

　　试验值与式(4-3)计算值比值的均值为 1.005 6,均方差和变异系数分别为 0.028 3和 0.028 2,二者符合较好。

4.4.2　纤维纳米混凝土劈拉强度计算方法

　　本章和相关文献中纤维混凝土及 FNMRC 劈拉强度增益比与钢纤维含量特征参数 λ_f

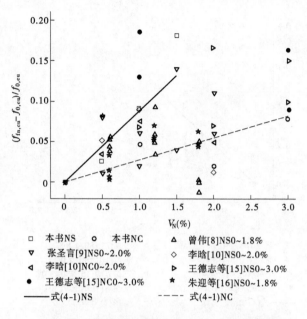

图4-19 抗压强度增益比与纳米材料掺量的关系

的关系见图4-20。本章和相关文献中纳米混凝土和 FNMRC 劈拉强度增益比与纳米材料掺量 V_N 的关系见图4-21。

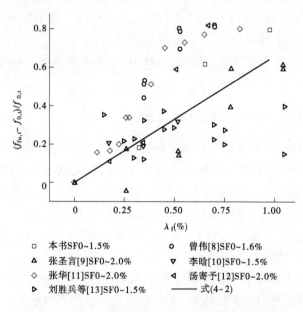

图4-20 劈拉强度增益比与钢纤维含量特征参数的关系

结合本章试验结果和相关文献数据的对比分析,得到 FNMRC 劈拉强度计算公式:

$$f_{fn,t} = f_t(1 + \beta_2 V_N)(1 + \alpha_2 \lambda_f) \tag{4-4}$$

式中 $f_{fn,t}$ ——FNMRC 劈拉强度;

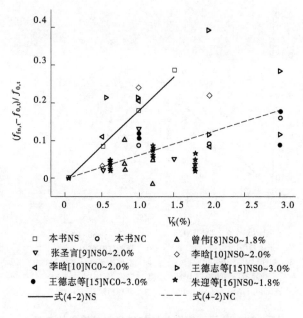

图 4-21　劈拉强度增益比与纳米材料掺量的关系

f_t ——未掺纤维和纳米材料的混凝土劈拉强度；

α_2 和 β_2 ——钢纤维和纳米材料对 FNMRC 劈拉强度的影响系数。

通过对试验数据的回归分析，$\alpha_2 = 0.66, 0 \leqslant \rho_f \leqslant 1.5\%$；纳米材料为 NS 时，$\beta_2 = 17.83, 0 \leqslant V_N \leqslant 1.5\%$，纳米材料为 NC 时，$\beta_2 = 6.02, 0 \leqslant V_N \leqslant 3\%$。

试验值与式(4-4)计算值比值的均值为 1.000 4，均方差和变异系数均为 0.052 7，二者符合较好。

4.4.3　纤维纳米混凝土抗剪强度计算方法

本章和相关文献中纤维混凝土及 FNMRC 抗剪强度增益比与钢纤维含量特征参数 λ_f 的关系见图 4-22。关于纳米材料对混凝土抗剪强度影响的文献很少，仅通过本章数据分析了 FNMRC 抗剪强度增益比与纳米材料掺量 V_N 的关系，见图 4-23。结合本章试验结果和相关文献数据的对比分析，得到 FNMRC 抗剪强度计算公式：

$$f_{fn,v} = f_v(1 + \beta_3 V_N)(1 + \alpha_3 \lambda_f) \tag{4-5}$$

式中　$f_{fn,v}$ ——FNMRC 抗剪强度；

f_v ——未掺纤维和纳米材料的混凝土抗剪强度；

α_3 和 β_3 ——钢纤维和纳米材料对 FNMRC 抗剪强度的影响系数。

通过对试验数据的回归分析，$\alpha_3 = 0.87, 0 \leqslant \rho_f \leqslant 1.5\%$；纳米材料为 NS 时，$\beta_3 = 21.68, 0 \leqslant V_N \leqslant 1.5\%$，纳米材料为 NC 时，$\beta_3 = 5.92, 0 \leqslant V_N \leqslant 3\%$。

试验值与式(4-5)计算值比值的均值为 0.972 3，均方差和变异系数分别为 0.061 1 和 0.062 9，二者符合较好。

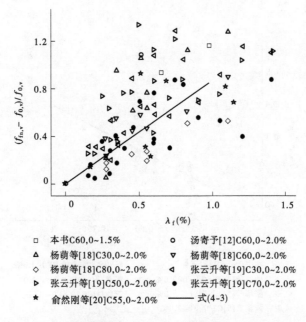

□ 本书C60,0~1.5%　　　　　○ 汤寄予[12]C60,0~2.0%
△ 杨萌等[18]C30,0~2.0%　　　▽ 杨萌等[18]C60,0~2.0%
◇ 杨萌等[18]C80,0~2.0%　　　◁ 张云升等[19]C30,0~2.0%
▷ 张云升等[19]C50,0~2.0%　　● 张云升等[19]C70,0~2.0%
★ 俞然刚等[20]C55,0~2.0%　　—— 式(4-3)

图4-22　抗剪强度增益比与钢纤维含量特征参数的关系

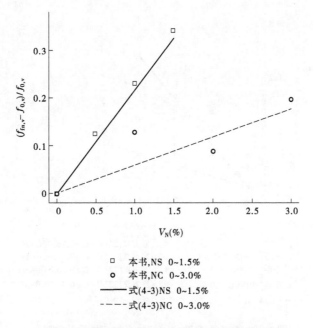

□ 本书,NS 0~1.5%

○ 本书,NC 0~3.0%

—— 式(4-3)NS 0~1.5%

---- 式(4-3)NC 0~3.0%

图4-23　抗剪强度增益比与纳米材料掺量的关系

4.4.4　纤维纳米混凝土抗折强度计算方法

本章和相关文献中纤维混凝土及 FNMRC 抗折强度增益比与钢纤维含量特征参数 λ_f 的关系见图4-24。本章和相关文献中纳米混凝土和 FNMRC 抗折强度增益比与纳米材料

掺量 V_N 的关系见图 4-25。

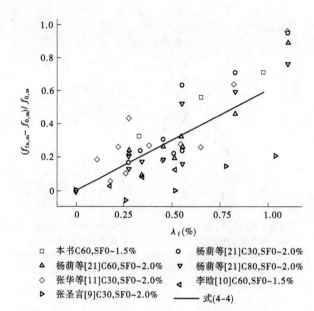

图 4-24　抗折强度增益比与钢纤维含量特征参数的关系

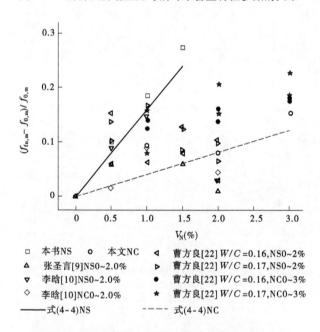

图 4-25　抗折强度增益比与纳米材料掺量的关系

结合本章试验结果和相关文献数据的对比分析,得到 FNMRC 抗折强度计算公式:

$$f_{fn,m} = f_m(1 + \beta_4 V_N)(1 + \alpha_4 \lambda_f) \tag{4-6}$$

式中　$f_{fn,m}$——FNMRC 抗折强度;

　　　f_m——未掺纤维和纳米材料的混凝土抗折强度;

α_4 和 β_4 ——钢纤维和纳米材料对 FNMRC 抗折强度的影响系数。

通过对试验数据的回归分析，$\alpha_4 = 0.61, 0 \leqslant \rho_f \leqslant 1.5\%$；纳米材料为 NS 时，$\beta_4 = 15.96, 0 \leqslant V_N \leqslant 1.5\%$；纳米材料为 NC 时，$\beta_4 = 4.09, 0 \leqslant V_N \leqslant 3\%$。

试验值与式(4-6)计算值比值的均值为 0.996 2，均方差和变异系数分别为 0.034 0 和 0.034 2，二者符合较好。

4.5　纤维纳米混凝土韧性计算方法

4.5.1　常用纤维混凝土弯曲韧性计算方法评述

弯曲韧性是目前衡量纤维混凝土韧性最常用的指标，许多国家都制定了纤维混凝土弯曲韧性试验方法标准。这些标准从不同角度定义了纤维混凝土弯曲韧性评价指标，包括绝对的能量吸收能力、与能量吸收能力有关的量纲为一的韧性指数、等效弯曲强度等。本节对国内外常用弯曲韧性测试和评价方法的优点及不足进行总结和分析，在此基础上提出了 FNMRC 弯曲韧性的评价方法。

4.5.1.1　以 ASTM C1018 标准为基础的评价方法

ASTM C1018 标准评价方法以理想弹塑性材料为参考，采用能量比值法以弯曲韧性指数 I_5、I_{10} 和 I_{20} 表征纤维混凝土的弯曲韧性。该方法推荐的试件尺寸为 100 mm × 100 mm × 350 mm，跨距 300 mm，采用三分点加载方式，位移控制，速率为 0.05 ~ 0.1 mm/min。I_5、I_{10} 和 I_{20} 的计算公式为

$$I_5 = \frac{\Omega_{3\delta}}{\Omega_\delta} \quad I_{10} = \frac{\Omega_{5.5\delta}}{\Omega_\delta} \quad I_{20} = \frac{\Omega_{10.5\delta}}{\Omega_\delta} \tag{4-7}$$

式中　δ ——初裂点 A 对应的跨中挠度，mm；

$\quad$ Ω_δ、$\Omega_{3\delta}$、$\Omega_{5.5\delta}$ 和 $\Omega_{10.5\delta}$ ——跨中挠度 δ、3δ、5.5δ 和 10.5δ 时弯曲荷载—挠度曲线下包面积，N·mm，即图 4-26 中 OAB、$OACD$、$OAEF$ 和 $OAGH$ 所包围的面积。

该评价方法因物理意义明确，采用量纲为一的弯曲韧性指数因不受试件形状和尺寸的影响等优点而得到了广泛应用。但是，这种方法也有不足之处。

首先，初裂点位置难以准确确定。ASTM C1018 标准评价方法的第一大缺陷是初裂点确定具有较大的人为随意性，且初裂变形的微小差异对弯曲韧性指数计算结果有很大影响。从荷载—挠度曲线上判断初裂点是根据曲线上由直线段出现转折的点，很多时候该点并不是特别明显，在转折处一定范围内的多个点都可以被选为初裂点，这就造成了不同研究者甚至同一研究者在不同时候选出来的初裂点都有微小差别。由于初裂点挠度 δ 本来就很小（对于混凝土通常在 0.1 mm 以内），初裂点前弯曲荷载—挠度曲线下的面积 Ω_δ 也很小，初裂点的微小差别会使 Ω_δ 的值产生不可忽略的不同。又由于 Ω_δ 是式(4-7)中的分母，Ω_δ 值的较小变化都会使式(4-7)的计算结果产生更大的差别。因此，人为确定初裂点时的微小差别放大到弯曲韧性指数 I_5、I_{10} 和 I_{20} 上就会产生很大影响。文献[27]也得到了相似的结论。为了避免确定初裂变形时的人为随意性和量测误差对弯曲韧性指标产

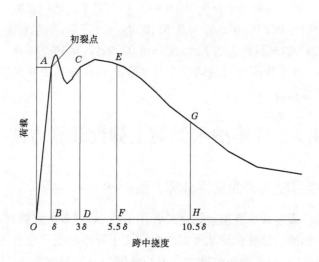

图 4-26　ASTM C1018 评价方法示意图

生的影响,国内外研究者做出了不懈的努力。一是试图通过改进测量手段和计算方法,以便更准确地确定初裂点,如采用声发射法,由声发射的能量突发点准确地找出初裂点。二是采用峰值荷载所对应的变形代替初裂变形作为计算弯曲韧性的初始变形,其依据是,从混凝土初裂到峰值荷载这一区段内,纤维对混凝土弯曲韧性的贡献很小;然而,也有研究发现,对有些种类的纤维而言,掺量较高时,纤维对这一区段内混凝土的弯曲韧性有明显提高作用,如图 4-14 中钢纤维掺量 1.5% 时,混凝土弯曲荷载—挠度曲线有明显的强化段,这一阶段的能量吸收值占据相当大的比例。因此,以峰值荷载对应的变形为初始变形计算得到的弯曲韧性指标的适用性值得商榷。

其次,韧性指数计算结果过大。对于理想弹塑性材料,I_5、I_{10} 和 I_{20} 值分别等于 5、10 和 20。从理论上讲,纤维混凝土的韧性指数应小于理想弹塑性材料,但很多时候计算出的 I_5、I_{10} 和 I_{20} 值普遍大于 5、10 和 20。造成这一现象的原因是:对于理想弹塑性材料而言,弯曲荷载—挠度曲线超过初裂点后立即变成水平段,荷载不再增长。但对于钢纤维混凝土,当钢纤维体积率较大时,弯曲荷载—挠度曲线超过初裂点之后还有一个稳定的强化段,见图 4-14。在式(4-7)规定的计算挠度($\Omega_{10.5\delta}$)以内,钢纤维混凝土强化段的残余弯曲强度仍然保持较高的水平,普遍大于初裂荷载,从而导致计算所得的弯曲韧性指数普遍大于理想弹塑性材料。

4.5.1.2　以 JSCE SF4 标准为基础的评价方法

JSCE SF4 标准评价方法采用等效弯曲强度(f_e ,MPa)表征纤维混凝土的弯曲韧性,见图 4-27。该方法推荐的试件尺寸和加载方式均与 ASTM C1018 方法相同,加载速率为跨距的 1/3 000 ~ 1/1 500。等效弯曲强度 f_e 的计算公式为

$$f_e = \frac{\Omega_k L}{bh^2 \delta_k} \tag{4-8}$$

式中　f_e——等效弯曲强度,MPa;

　　　Ω_k——跨中挠度为 L/k 时弯曲荷载—挠度曲线下包面积,N·mm;

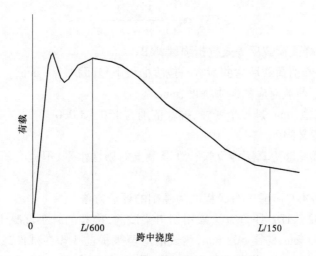

图 4-27　JSCE SF4 评价方法示意图

δ_k ——跨中挠度为 L/k 时的挠度值,mm,取 k 为 150;

L ——支座间跨度,mm;

b,h ——试件截面宽度、高度,mm。

该标准评价方法具有概念明确、计算简单、不受初裂点位置影响的优点,且不稳定曲线段下包面积相对于跨中计算挠度为 $L/150$ 时的曲线下包面积也较小,弯曲荷载—挠度曲线不稳定段对等效弯曲强度影响不大。但是,这种方法也有不足之处:

第一,跨中计算挠度取 $L/150$ 没有充分理论依据。在大多数工程应用中,正常使用状态的容许挠度均小于 $L/150$,将跨中计算挠度单一限定为 $L/150$ 无法满足实际工程需要。鉴于此,ASTM C1609 标准在 JSCE SF4 标准的基础上补充计算了跨中挠度为 $L/600$ 时弯曲荷载—挠度曲线下包面积及等效弯曲强度。与 JSCE SF4 标准评价方法相比,ASTM C1609标准评价方法有一定的改进,但所取特征点仍然偏少,不能全面反映出实际工程应用中纤维混凝土的韧性水平。

第二,不同尺寸的试件无法对比分析。等效弯曲强度 f_e 是一个有量纲的值,对于不同尺寸试件的分析比较很困难。因此,CECS 13:2009 对其进行了改进,提出了弯曲韧度比(R_e)指标,其计算公式为

$$R_e = f_e/f_{cr} \tag{4-9}$$

式中　f_{cr} ——纤维混凝土的弯曲初裂强度,MPa。

R_e 作为一个无量纲的值,解决了不同尺寸试件无法对比分析的问题。但如前文所述,纤维混凝土的初裂点难以准确确定,故以纤维混凝土抗弯初裂强度为基准进行计算仍有不妥之处。

第三,等效弯曲强度与真实韧性水平有偏差。等效弯曲强度 f_e 实质上是利用整个弯曲荷载—挠度曲线求得的一个应力平均值。但由于弯曲荷载—挠度曲线在不同加载阶段起伏较大,因此 f_e 不能真实反映特定挠度下的韧性水平。为此,有研究者提出用峰值荷载后的等效抗折强度来衡量纤维混凝土的韧性:

$$PCS_\mathrm{m} = \frac{E_{\mathrm{post,m}}L}{(L/m - \delta_\mathrm{p})bh^2} \tag{4-10}$$

式中　PCS_m——峰值荷载后等效抗折强度,MPa;

　　　$E_{\mathrm{post,m}}$——峰值荷载后弯曲荷载—挠度曲线下包面积,N·mm;

　　　δ_p——峰值荷载对应的跨中挠度,mm;

　　　m——设定值,mm,是一个变量,推荐范围为 150 ~ 3 000;

　　　其余符号意义同前。

上述方法虽然能够更真实地反映纤维混凝土的韧性水平,但完全不利用峰值荷载前的数据有些欠妥。

4.5.1.3　以 RILEM TC 162 – TDF 标准为基础的评价方法

RILEM TC 162 – TDF 评价方法采用切口梁试验,推荐的纤维混凝土试件尺寸为 150 mm × 150 mm × 550 mm,跨距 500 mm,测试前应至少提前 3 d 在试件底面跨中位置预切口,切口深度为 25 mm。加载方式采用三点加载,加载速率为 0.2 mm/min。该方法用来衡量弯曲韧性的指标也是等效弯曲强度,但与 JSCE SF4 方法有所不同。该方法将纤维混凝土吸收的能量 D_n 分为两部分:

$$D_\mathrm{n} = D_\mathrm{cr} + D_\mathrm{nf} \quad (n = 1,2) \tag{4-11}$$

式中　D_cr——混凝土本身开裂的能量吸收值,N·mm,对应于图 4-28 中三角形 OAB 的
　　　　　面积,B 点处的挠度 $\delta_0 = \delta_\mathrm{L} + 0.3$ mm,δ_L 为 F_L 对应的跨中挠度,F_L 为
　　　　　0.05 mm 挠度范围内的最大荷载值;

　　　D_nf——纤维贡献的能量吸收值,N·mm,D_1f 和 D_2f 分别对应于挠度为 δ_1（$\delta_1 = \delta_\mathrm{L} + 0.65$ mm）和 δ_2（$\delta_1 = \delta_\mathrm{L} + 2.65$ mm）处的能量吸收值,N·mm,即四
　　　　　边形 BACD 和 BAEF 的面积。

利用 D_1f 和 D_2f 可以计算出纤维混凝土的等效弯曲强度 $f_{\mathrm{eq}1}$ 和 $f_{\mathrm{eq}2}$:

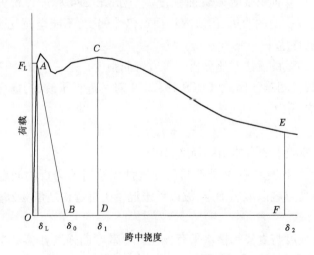

图 4-28　RILEM TC 162 – TDF 评价方法示意图

$$F_{eq1} = D_{1f}/0.5 \quad f_{eq1} = F_{eq1} \times L/bh^2 \tag{4-12a}$$

$$F_{eq2} = D_{2f}/2.5 \quad f_{eq2} = F_{eq2} \times L/bh^2 \tag{4-12b}$$

式中 F_{eq1} 和 F_{eq2} ——跨中挠度为 δ_1 和 δ_2 时的等效荷载,N;

f_{eq1} 和 f_{eq2} ——跨中挠度为 δ_1 和 δ_2 时的等效弯曲强度,MPa。

RILEM TC 162 - TDF 方法仍属于强度法。与 JSCE SF4 方法相比,该方法反映了纤维在弯曲荷载—挠度曲线下降段不同阶段的增韧效果。尽管采用的试验方法与本书不同,无法直接应用,但其计算思想和方法具有很好的借鉴价值。

4.5.2 纤维纳米混凝土弯曲韧性评价方法

研究表明,钢纤维对混凝土性能的改善与混凝土所处的受力阶段是有一定关系的。对峰值前的改善主要表现在提高混凝土的峰值强度、峰值位移和韧性;对峰值后的改善表现在提高峰值后混凝土的残余强度和持荷能力。在现有弯曲韧性方法的基础上,文献[34]提出了新的纤维混凝土弯曲韧性评价方法,该方法也写进了最新版的钢纤维混凝土行业标准。结合本书试验结果,采用该方法计算 FNMRC 的弯曲韧性。

采用初始弯曲韧度比 $R_{em,op}$ 表征 FNMRC 达到峰值挠度前的弯曲韧性。$R_{em,op}$ 计算公式为

$$R_{em,op} = f_{em,op}/f_{fn,m} \tag{4-13}$$

式中 $f_{fn,m}$ ——FNMRC 的抗折强度,MPa;

$f_{em,op}$ ——FNMRC 等效初始弯曲强度,MPa,计算公式为

$$f_{em,op} = \frac{\Omega_{m,op}L}{bh^2\delta_{op}} \tag{4-14}$$

式中 $\Omega_{m,op}$ ——峰值挠度 δ_{op} 前弯曲荷载—挠度曲线下包面积,N·mm,即图 4-29 中 OAB 的面积。

采用残余弯曲韧度比 $R_{em,p-k}$ 表征 FNMRC 峰值挠度后的残余弯曲韧性,计算公式为

$$R_{em,p-k} = f_{em,p-k}/f_{fn,m} \tag{4-15}$$

式中 $f_{em,p-k}$ ——等效残余弯曲强度,MPa,计算公式为

$$f_{em,p-k} = \frac{\Omega_{m,p-k}L}{bh^2\delta_{p-k}} \tag{4-16}$$

式中 $\Omega_{m,p-k}$ —— δ_{op} 至 δ_k 段对应的弯曲荷载—挠度曲线下包面积,N·mm,即图 4-29 中 BACD 的面积;

δ_{p-k} —— δ_{op} 至 δ_k 段的跨中挠度值,mm,可用下式计算:

$$\delta_{p-k} = \delta_k - \delta_{op} \tag{4-17}$$

式中 δ_k ——给定的跨中挠度 L/k,可根据实际情况分别取为 $k = 600,300,200,150,100$ 等,如有必要,k 还可以取为其他值。

与前述几种方法相比,该方法不仅避开了确定初裂点的困难,也避免了弯曲荷载—挠度曲线初始上升段斜率的影响,而且便于不同尺寸试件的比较。同时,$R_{em,p-k}$ 可以取不同跨中计算挠度进行计算,其结果更真实地反映了 FNMRC 的韧性水平,满足了实际工程结构计算的需要。从物理意义来讲,$R_{em,op}$ 反映了 FNMRC 达到峰值荷载前的韧性,其值

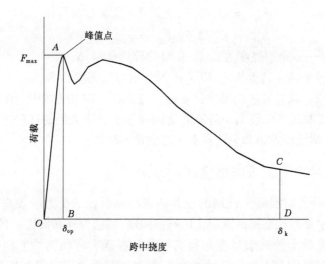

图 4-29　纤维纳米混凝土弯曲韧性评价方法示意图

越大,表示在峰值荷载前钢纤维或纳米材料对混凝土增强效果越好; $R_{\mathrm{em,p-k}}$ 反映了 FN-MRC 的残余弯曲韧性,其值越大,表示钢纤维或纳米材料对混凝土残余弯曲强度和后续持荷能力的贡献越大。

4.5.3　纤维纳米混凝土韧性计算与分析

FNMRC 中钢纤维的主要作用在于延缓基体中内部微裂缝和宏观裂缝的发展,使混凝土保持较好的整体受力能力;纳米材料的主要作用是改变混凝土的微观结构、促进水化反应、提高基体密实度等。钢纤维和纳米材料在压缩、拉伸、剪切和弯曲等不同应力状态下对混凝土增强和增韧的机制基本相同。从上文对 FNMRC 劈拉性能、剪切性能和弯曲韧性的分析中可以看出,钢纤维和纳米材料对劈拉荷载—横向变形曲线、剪切荷载—变形曲线和弯曲荷载—挠度曲线的影响效果有较大差别,但影响规律非常相似。因此,FNMRC 弯曲韧性的评价方法也适用于计算劈拉韧性和剪切韧性。在式(4-13)～式(4-17)的基础上,可以得到 FNMRC 劈拉韧性和剪切韧性计算公式:

$$R_{\mathrm{et,op}} = f_{\mathrm{et,op}}/f_{\mathrm{fn,t}} \qquad R_{\mathrm{ev,op}} = f_{\mathrm{ev,op}}/f_{\mathrm{fn,v}} \tag{4-18}$$

$$f_{\mathrm{et,op}} = \frac{2\Omega_{\mathrm{t,op}}}{\pi bh D_{\mathrm{t,op}}} \qquad f_{\mathrm{ev,op}} = \frac{2\Omega_{\mathrm{v,op}}}{\pi bh D_{\mathrm{v,op}}} \tag{4-19}$$

$$R_{\mathrm{et,p-d}} = f_{\mathrm{et,p-d}}/f_{\mathrm{fn,t}} \qquad R_{\mathrm{ev,p-d}} = f_{\mathrm{ev,p-d}}/f_{\mathrm{fn,v}} \tag{4-20}$$

$$f_{\mathrm{et,p-d}} = \frac{2\Omega_{\mathrm{t,p-d}}}{\pi bh D_{\mathrm{t,p-d}}} \qquad f_{\mathrm{ev,p-d}} = \frac{2\Omega_{\mathrm{v,p-d}}}{\pi bh D_{\mathrm{v,p-d}}} \tag{4-21}$$

$$D_{\mathrm{t,p-d}} = D_{\mathrm{t,d}} - D_{\mathrm{t,op}} \qquad D_{\mathrm{v,p-d}} = D_{\mathrm{v,d}} - D_{\mathrm{v,op}} \tag{4-22}$$

式中　$R_{\mathrm{et,op}}$ 和 $R_{\mathrm{ev,op}}$ ——FNMRC 初始劈拉韧度比和初始剪切韧度比;

　　　$f_{\mathrm{et,op}}$ 和 $f_{\mathrm{ev,op}}$ ——FNMRC 等效初始劈拉强度和等效初始抗剪强度,MPa;

　　　$f_{\mathrm{fn,t}}$ 和 $f_{\mathrm{fn,v}}$ ——FNMRC 的劈拉强度和抗剪强度,MPa;

　　　$\Omega_{\mathrm{t,op}}$ ——劈拉荷载—横向变形曲线峰值变形 $D_{\mathrm{t,op}}$ 前的曲线下包面积,N·mm;

$\Omega_{v,op}$——剪切荷载—变形曲线峰值变形 $D_{v,op}$ 前的曲线下包面积，$N \cdot mm$；

$R_{et,p-d}$ 和 $R_{ev,p-d}$——FNMRC 残余劈拉韧度比和残余剪切韧度比；

$f_{et,p-d}$ 和 $f_{ev,p-d}$——FNMRC 等效残余劈拉强度和等效残余抗剪强度，MPa；

$\Omega_{t,p-d}$——劈拉荷载—横向变形曲线 $D_{t,op}$ 至 $D_{t,d}$ 段的曲线下包面积；

$D_{t,p-d}$——$D_{t,op}$ 至 $D_{t,d}$ 段的变形；

$\Omega_{v,p-d}$——剪切荷载—变形曲线 $D_{v,op}$ 至 $D_{v,d}$ 段的曲线下包面积；

$D_{v,p-d}$——$D_{v,op}$ 至 $D_{v,d}$ 段的变形；

$D_{t,d}$ 和 $D_{v,d}$——给定的劈拉变形值和剪切变形值，可根据实际情况分别取 d 为 0.5、1、1.5、2、3，对应的 $D_{t,d}$ 和 $D_{v,d}$ 为 0.5 mm、1 mm、1.5 mm、2 mm、3 mm，如有必要，d 还可以取为其他值。

依据本章试验结果，利用式（4-13）~式（4-22）计算出各组 FNMRC 试件的初始韧度比和等效初始强度 $R_{em,op}$、$f_{em,op}$、$R_{et,op}$、$f_{et,op}$、$R_{ev,op}$、$f_{ev,op}$ 见（表4-5）；各因素对 FNMRC 初始韧度比的影响，见图4-30。

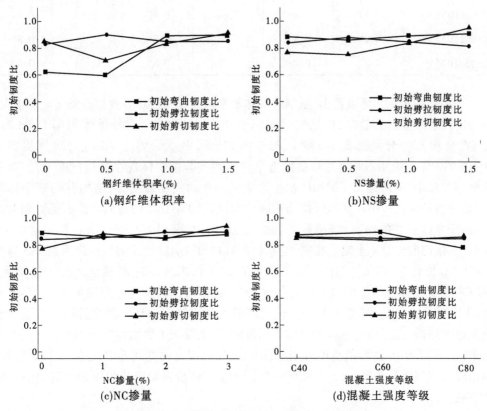

图 4-30　各因素对 FNMRC 初始韧度比的影响

表 4-5   FNMRC 等效初始强度和初始韧度比

试件编号	$f_{em.op}$	$R_{em.op}$	$f_{et.op}$	$R_{et.op}$	$f_{ev.op}$	$R_{ev.op}$
C60SF0NS0	3.13	0.61	2.36	0.64	5.02	0.83
C60SF0NS10	3.33	0.62	3.30	0.83	5.95	0.85
C60SF05NS10	4.26	0.60	4.22	0.90	6.49	0.71
C60SF10NS10	7.49	0.89	5.44	0.85	9.72	0.84
C60SF15NS10	8.29	0.90	6.10	0.85	11.63	0.91
C60SF10NS0	6.27	0.89	4.58	0.84	7.16	0.77
C60SF10NS05	6.70	0.86	5.18	0.88	7.97	0.76
C60SF10NS15	8.19	0.91	5.74	0.82	11.86	0.95
C60SF10NC10	6.62	0.86	5.03	0.85	9.19	0.88
C60SF10NC20	6.50	0.85	5.31	0.90	8.92	0.85
C60SF10NC30	7.17	0.88	5.64	0.89	10.51	0.94
C40SF10NS10	5.65	0.87	4.27	0.86	8.03	0.85
C80SF10NS10	7.27	0.78	6.10	0.85	11.11	0.86

从表 4-5 和图 4-30 可以看出,随钢纤维体积率增大,FNMRC 等效初始强度显著增大,初始韧度比总体呈上升趋势,但增幅明显低于等效初始强度。钢纤维体积率 1.5% 时,$f_{em,op}$、$f_{et,op}$ 和 $f_{ev,op}$ 分别提高了 149%、85% 和 125%,$R_{em,op}$、$R_{et,op}$ 和 $R_{ev,op}$ 分别提高了 45%、3% 和 7%。说明钢纤维对峰值前力学性能的改善主要体现在提高强度上,而对变形贡献相对较小,钢纤维对 FNMRC 初始弯曲韧度比的提高最明显,初始剪切韧度比次之,初始劈拉韧度比最小。随钢纤维体积率增大,尽管 FNMRC 初始韧度比的提高相对较小,但由于总体强度的提高,峰值前的耗能能力仍有显著提高。随纳米材料掺量增大,FNMRC 初始韧度比总体上略有提高,纳米材料对初始抗剪韧度比的提高最明显,NS 掺量 1.5% 和 NC 掺量 3.0% 时,$R_{ev,op}$ 分别提高了 23% 和 22%。随混凝土强度等级增大,FNMRC 初始韧度比总体上略呈下降的趋势,其中初始弯曲韧度比的降幅最大,与 C40 相比,C80 混凝土的 $R_{em,op}$ 降低了 11%。说明混凝土强度越高,峰值前的脆性越大,但由于混凝土强度越高,钢纤维与基体的黏结作用越好,高强混凝土的脆性得到了改善。需要指出的是,由于 FNMRC 的峰值挠度或变形较低,初始韧度比的变化非常敏感,受试验误差、量测精度等客观因素的影响较大,在使用初始韧度比评价混凝土峰值前韧性时要引起足够的重视。

本章试验所得 FNMRC 劈拉荷载—横向变形曲线、剪切荷载—变形曲线和弯曲荷载—挠度曲线的最大变形或挠度值均为 3 mm;且曲线均较为平滑,采用最大变形或挠度计算等效残余强度和残余韧度比可以很好地反映 FNMRC 的韧性变化规律。为便于计算和比较,此处仅按照最大变形或挠度值为 3 mm 计算了 FNMRC 的残余韧度比和等效残余强度。若有研究和应用需要,可按本章提供的试验数据和韧性评价方法进行进一步的分析和计算。

依据本章试验结果,通过式(4-13)~式(4-22)计算出各组 FNMRC 试件的残余韧度比和等效残余强度 $R_{em,p-100}$、$f_{em,p-100}$、$R_{et,p-3}$、$f_{et,p-3}$、$R_{ev,p-3}$、$f_{ev,p-3}$(见表 4-6);各因素对 FNMRC 残余韧度比的影响,见图 4-31。

表 4-6 FNMRC 等效残余强度和残余韧度比

试件编号	$f_{em,p-100}$	$R_{em,p-100}$	$f_{et,p-3}$	$R_{et,p-3}$	$f_{ev,p-3}$	$R_{ev,p-3}$
C60SF0NS0	0.19	0.04	—	—	—	—
C60SF0NS10	0.26	0.05	—	—	—	—
C60SF05NS10	3.53	0.49	1.59	0.34	4.54	0.50
C60SF10NS10	4.93	0.59	2.94	0.46	6.99	0.60
C60SF15NS10	6.06	0.66	4.00	0.56	8.15	0.64
C60SF10NS0	3.37	0.48	2.14	0.39	4.84	0.52
C60SF10NS05	4.26	0.55	2.66	0.45	6.23	0.59
C60SF10NS15	5.09	0.57	3.62	0.52	7.71	0.62
C60SF10NC10	4.30	0.56	1.64	0.28	5.36	0.51
C60SF10NC20	4.23	0.55	2.79	0.47	5.43	0.52
C60SF10NC30	4.57	0.56	3.09	0.49	5.92	0.53
C40SF10NS10	4.39	0.68	2.23	0.45	5.44	0.58
C80SF10NS10	4.72	0.51	3.49	0.48	6.79	0.52

从表 4-6 和图 4-31 可以看出,FNMRC 的残余韧度比随钢纤维体积率增大显著提高。钢纤维体积率为 0.5%~1.5% 时,$R_{em,p-100}$ 和 $R_{ev,p-3}$ 比较接近,$R_{et,p-3}$ 明显低于前两者,说明钢纤维对 FNMRC 弯曲韧性和剪切韧性的提升作用高于劈拉韧性。随纳米材料掺量增大,FNMRC 的残余韧度比明显提高。NS 掺量为 1.5% 时,$R_{em,p-100}$、$R_{et,p-3}$ 和 $R_{ev,p-3}$ 分别提高了 18%、32% 和 19%;NC 掺量为 3.0% 时,$R_{em,p-100}$、$R_{et,p-3}$ 和 $R_{ev,p-3}$ 分别提高了 18%、25% 和 2%,说明纳米材料对 FNMRC 劈拉韧性的贡献最大,且掺加 NC 的增韧作用不如掺加 NS 的。FNMRC 残余韧度比随混凝土强度等级提高总体呈降低的趋势,说明混凝土强度等级越高,FNMRC 脆性越大,其中弯曲韧性降幅最大,降幅达到 26%,剪切韧性次之,降幅为 9%;由于钢纤维良好的增韧作用,FNMRC 劈拉韧性不仅没有明显降低还略有回升,增幅为 8%。

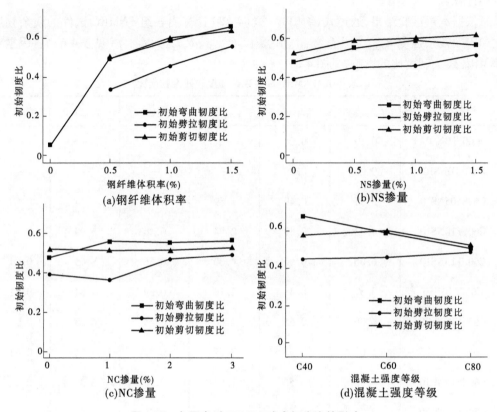

图 4-31   各因素对 FNMRC 残余韧度比的影响

4.6 小 结

本章通过 13 组配合比共 156 个纤维纳米混凝土试件研究了钢纤维体积率、nano – SiO₂掺量、nano – CaCO₃掺量和混凝土基体强度等级对纤维纳米混凝土抗压强度、劈拉性能、抗剪性能和弯曲韧性的影响。量测了纤维纳米混凝土劈拉荷载—横向变形曲线、剪切荷载—变形曲线和弯曲荷载—挠度曲线;并分析了各因素对峰值荷载、峰值点变形或挠度、峰值点前曲线下包面积和总下包面积的影响。在此基础上建立了纤维纳米混凝土强度计算模型和韧性评价方法。

(1)钢纤维的掺入对纤维纳米混凝土强度和韧性均有显著提高。其中,抗剪强度的提高最明显,钢纤维体积率为 1.5% 时的增幅为 110% ,劈拉强度和抗折强度次之,增幅分别为 80% 和 71% ;抗压强度提高最少,增幅为 16% ;对弯曲韧性和剪切韧性的提高幅度非常接近,均明显高于劈拉韧性。

(2)掺加 nano – SiO₂对纤维纳米混凝土强度和韧性均有较明显的提高。其中,劈拉强度的提高最明显,nano – SiO₂掺量为 1.5% 时的增幅为 34% ,抗压强度提高最少,增幅为 18% ;对劈拉韧性的提高最明显,能量吸收能力和残余韧度比分别提高了 62% 和 32% ,弯曲韧性和剪切韧性的提高幅度均略低于劈拉韧性。

（3）掺加 nano – CaCO$_3$对纤维纳米混凝土强度和韧性均略有提高,但幅度低于nano – SiO$_2$。其中,劈拉强度的提高最明显,nano – CaCO$_3$掺量为 3.0% 时的增幅为 20%,抗压强度提高最少,增幅为 8%;对劈拉韧性的提高最明显,能量吸收能力和残余韧度比分别提高了 41% 和 25%,弯曲韧性和剪切韧性的提高幅度均略低于劈拉韧性。

（4）随混凝土基体强度等级提高,纤维纳米混凝土的强度显著提高,与 C40 混凝土相比,C80 混凝土的抗压强度、劈拉强度、抗剪强度和抗折强度分别提高了 52%、45%、37% 和 44%;劈拉韧性略有提高,能量吸收能力和残余韧度比分别提高了 47% 和 8%;剪切韧性和弯曲韧性均有所降低,虽然能量吸收能力分别提高了 22% 和 6%,但残余韧度比分别降低了 9% 和 26%。

（5）在纤维纳米混凝土力学性能试验结果的基础上,结合大量的相关文献试验数据,提出了考虑纤维体积率和纳米材料掺量的纤维纳米混凝土抗压强度、劈拉强度、抗剪强度和抗折强度计算模型,计算结果与试验结果吻合较好。

（6）在详细讨论纤维纳米混凝土劈拉荷载—横向变形曲线、剪切荷载—变形曲线和弯曲荷载—跨中挠度曲线的基础上,结合对以往纤维混凝土韧性评价方法的深入分析,提出了适合纤维纳米混凝土特点的韧性评价方法。

参考文献

[1] Ji T. Preliminary study on the water permeability and microstructure of concrete incorporating nano-SiO$_2$ [J]. Cement and Concrete Research, 2005, 35(10): 1943-1947.

[2] 赵国藩. 混凝土及其增强材料的发展与应用[J]. 建筑材料学报, 2000, 3(1): 1-6.

[3] Mohammadi Y, Singh S P, Kaushik S K. Properties of steel fibrous concrete containing mixed fibres in fresh and hardened state[J]. Construction and Building Materials, 2008, 22(5): 956-965.

[4] Olivito R S, Zuccarello F A. An experimental study on the tensile strength of steel fiber reinforced concrete[J]. Composites Part B: Engineering, 2010, 41(3): 246-255.

[5] 中华人民共和国建设部, 国家质量监督检验检疫总局. 普通混凝土力学性能试验方法标准:GB/T 50081—2002[S]. 北京: 中国建筑工业出版社, 2003.

[6] 中国工程建设标准化协会. 纤维混凝土试验方法标准:CECS13:2009[S]. 北京: 中国计划出版社, 2010.

[7] American society for testing and materials. ASTM C 1609 / C 1690M-05 Standard test method for flexural performance of fiber reinforced concrete (using beam with third-point loading)[S]. Philadelphia: ASTM International, 2006.

[8] 曾伟. 补偿收缩纳米 SiO$_2$钢纤维混凝土力学性能试验及微观结构分析[D]. 淮南: 安徽理工大学, 2013.

[9] 张圣言. 掺纳米 SiO$_2$钢纤维混凝土力学性能试验研究[D]. 郑州: 郑州大学, 2010.

[10] 李晗. 高温后纤维纳米混凝土性能及其计算方法[D]. 郑州: 郑州大学, 2015.

[11] 张华. 钢纤维混凝土强度与弯曲韧性研究[D]. 郑州: 郑州大学, 2011.

[12] 汤寄予. 纤维高强混凝土基本力学性能的试验研究[D]. 郑州: 郑州大学, 2003.

[13] 刘胜兵, 徐礼华, 周健民. 混杂纤维高性能混凝土强度的正交试验[J]. 武汉理工大学学报, 2009, 31(8): 5-9.

[14] 解伟，罗维，李树山，等. 钢纤维体积率对 C30 混凝土立方体抗压强度尺寸效应的影响[J]. 华北水利水电大学学报：自然科学版，2015，36(2)：11-14.

[15] 王德志，孟云芳. 纳米 SiO_2 和纳米 $CaCO_3$ 增强混凝土强度的试验研究[J]. 宁夏工程技术，2011，10(4)：330-333.

[16] 朱迎，马芹永. 纳米 SiO_2 和玄武岩纤维增强混凝土压拉强度的试验研究[J]. 科学技术与工程，2016，16(11)：240-243.

[17] 高丹盈，赵军，朱海堂. 钢纤维混凝土设计与应用[M]. 北京：中国建筑工业出版社，2002.

[18] 杨萌，黄承逵，刘毅. 钢纤维高强混凝土抗剪性能试验研究[J]. 大连理工大学学报，2005，45(6)：842-846.

[19] 张云升，孙伟，秦鸿根，等. 基体强度等级和钢纤维外形对混凝土抗剪强度的影响[C]//第十届全国纤维混凝土学术会议论文集. 上海，2004：491-497.

[20] 俞然刚，陈金平，顾维森，等. 纤维高强混凝土抗剪强度试验研究[J]. 低温建筑技术，2005(5)：10-11.

[21] 杨萌，黄承逵. 钢纤维高强混凝土弯曲性能试验研究[C]//第十届全国纤维混凝土学术会议论文集. 上海，2004：407-414.

[22] 曹方良. 纳米材料对超高性能混凝土强度的影响研究[D]. 长沙：湖南大学，2012.

[23] Gopalaratnam V S，Gettu R. On the characterization of flexural toughness in fiber reinforced concretes[J]. Cement and Concrete Composites，1995，17(3)：239-254.

[24] Astm. Astm C 1018 Standard test method for flexural toughness and first-crack strength of fiber reinforced concrete(using beam with third-pointloading)[S]. West Conshohocken：ASTM Inter，1997：544-551.

[25] JCI. JCI Standard SF-4 Method of test for flexural strength and flexural toughness of fiber reinforced concrete[S]. Tokyo：Japan Concrete Institute，1984：45-51.

[26] Rilem. Rilem TC 162-TDF Test and design methods of steel fiber reinforced concrete：Bending test[S]. Materials and Structures，2002，35(11)：579-582.

[27] 丁一宁，董香军，王岳华. 钢纤维混凝土弯曲韧性测试方法与评价标准[J]. 建筑材料学报，2005，8(6)：660-664.

[28] 秦鸿根，陆春林，孙伟. 钢纤维混凝土抗弯初裂点确定方法及抗弯性能的研究[J]. 混凝土与水泥制品，1991(2)：4-6.

[29] Mindess S，Chen L，Morgan D R. Determination of the first-crack strength and flexural toughness of steel fiber-reinforced concrete[J]. Advanced Cement Based Materials，1994，1(5)：201-208.

[30] Banthia N，Trottier J F. Test methods for flexural toughness characterization of fiber reinforced concrete：some concerns and a proposition[J]. ACI Materials Journal，1995，92：48-48.

[31] El-Ashkar N H，Kurtis K E. A new，simple，practical method to characterize toughness of fiber-reinforced cement-based composites[J]. ACI Materials Journal，2006，103(1)：33-44.

[32] 朱海堂，高丹盈，谢丽，等. 钢纤维高强混凝土弯曲韧性的试验研究[J]. 硅酸盐学报，2004，32(5)：656-660.

[33] 鞠杨，刘红彬，陈健，等. 超高强度活性粉末混凝土的韧性与表征方法[J]. 中国科学：E辑：技术科学，2009，39(4)：793-808.

[34] 高丹盈，赵亮平，冯虎，等. 钢纤维混凝土弯曲韧性及其评价方法[J]. 建筑材料学报，2014，17(5)：783-789.

5 高温中纤维纳米混凝土单轴受压本构关系

5.1 引 言

研究表明,在火灾高温中混凝土的抗压强度、抗拉强度、抗折强度和弹性模量均显著下降。与普通混凝土相比,高强高性能混凝土由于其密实的内部结构和较低的渗透性,在高温作用下内部孔隙中的蒸汽压较大,易于产生高温爆裂。纳米材料可以提高水泥浆和混凝土高温后的残余强度,但是并不能防止高温爆裂的发生。钢纤维可以改善混凝土高温中和高温后的力学性能;聚丙烯纤维能有效防止高温爆裂,避免由于保护层脱落导致的钢筋过早暴露于高温中而引起的结构失效。研究高温下混凝土单轴应力—应变关系对评估混凝土构件和结构的抗火性能与灾后修复具有重要的理论和现实意义。目前,国内外对高温后普通混凝土、高强混凝土和纤维混凝土应力—应变关系已开展了一些研究。但关于 FNMRC 高温性能尤其是高温中应力—应变关系的研究鲜有报道。

本章通过 25~800 ℃ 高温中 FNMRC 立方体抗压和棱柱体试件单轴受压试验,研究了温度、钢纤维体积率、纳米二氧化硅和纳米碳酸钙掺量对 FNMRC 高温中抗压强度和轴压性能的影响。在分析试验结果的基础上,提出了考虑温度、纤维和纳米材料影响的高温中 FNMRC 抗压强度、轴压峰值应力、峰值应变和初始弹性模量的计算公式以及高温中 FNMRC 单轴受压应力—应变本构关系式,为结构的抗火设计提供试验和理论依据。

5.2 试验设计

试验采用的原材料和配合比分别见第 2 章和第 3 章。试验以温度、钢纤维体积率、NS 掺量和 NC 掺量为参数,分别采用 150 mm×150 mm×150 mm 的立方体试件和 150 mm×150 mm×300 mm 的棱柱体试件研究高温中 FNMRC 的抗压强度和单轴受压性能。试件共 10 组,在不同温度(25 ℃、200 ℃、400 ℃、600 ℃、800 ℃)下每组的立方体和棱柱体试件各 3 个,共计 300 个试件。

高温中 FNMRC 抗压强度和单轴受压性能试验在自行研制的混凝土微机控制高温中抗压试验设备上进行,如图 5-1 所示。该设备的升温装置为箱式电阻炉,最高温度 1 200 ℃,最大升温速率为 10 ℃/min,可自行设置加热速度和恒温时间,最大工作压力 3 000 kN。在试验设备上下压板上分别固定具有高强度、高硬度和抗高温蠕变等性能的高温压头,上下耐高温压头分别通过高温炉顶面和底面上的预留孔洞深入炉腔内,对处于高温环境中的混凝土试件进行加载。为保证对同组的 3 个试件同时升温,依次加载,在高温炉的底面布置两条凸出底面的弧形导轨,导轨上放置 3 个耐高温垫块,垫块下部设有两个弧形凹槽,其位置与导轨相对应,垫块可沿导轨在炉内前后滑动。

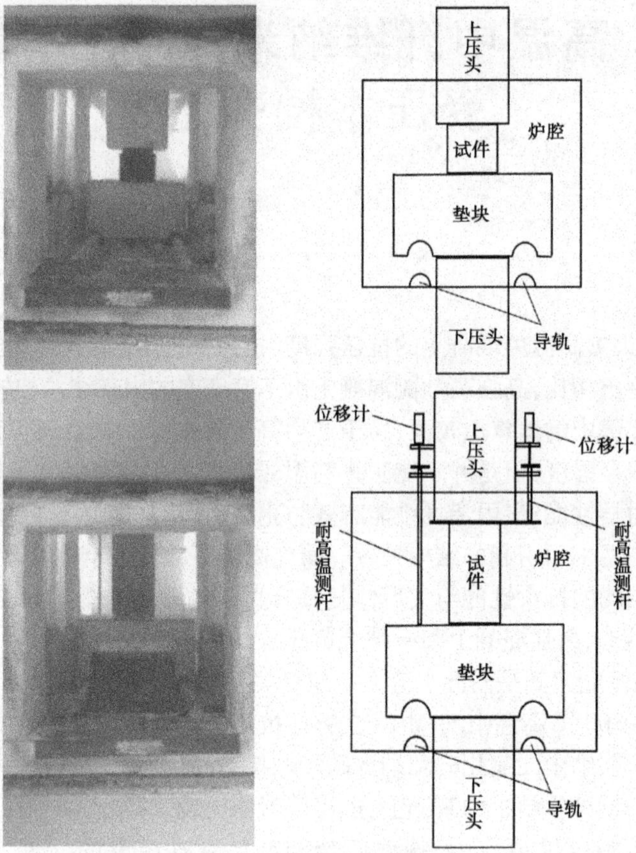

图 5-1 高温中 FNMRC 抗压强度和单轴受压性能试验设备

试验升温速率为 10 ℃/min,恒温时间 4 h。为量测高温中 FNMRC 轴压试验时试件的变形,在高温炉顶面上压头两侧位置开有小孔,耐高温测杆穿过小孔伸入炉内分别顶在试件上下部的垫块和钢垫板上,分别量测试件上下两个面的位移,其差值即为 FNMRC 试件的变形量。试验的荷载和变形数据均通过计算机自动采集。第一个试件加载完成后,启动高温炉末端的推动装置,将垫块往炉口方向推;待第二个试件到达加载位置后停止推动并进行加载;之后再依次对第三个试件进行加载。高温炉内温度在整个试验过程中一直维持于目标温度,试验结束后关闭压力试验机和高温炉,打开炉门,待试件冷却后从炉内取出。

5.3 试验结果与分析

5.3.1 高温中纤维纳米混凝土抗压强度及其计算方法

5.3.1.1 高温中纤维纳米混凝土抗压强度

试验所得高温中 FNMRC 立方体抗压强度见表 5-1。

表 5-1　高温中 FNMRC 立方体抗压强度

试件编号	立方体抗压强度（MPa）				
	25 ℃	200 ℃	400 ℃	600 ℃	800 ℃
SF0NS10	73.28	67.71	67.71	52.40	26.22
SF05NS10	79.89	66.35	78.45	59.88	28.39
SF10NS10	85.91	72.21	81.61	62.80	31.45
SF15NS10	88.03	79.36	84.28	61.84	31.84
SF10NS0	76.42	64.78	74.51	57.26	28.13
SF10NS05	83.18	70.24	78.48	63.72	31.56
SF10NS15	88.80	75.11	81.11	67.82	35.65
SF10NC10	79.00	69.99	71.31	59.59	31.04
SF10NC20	78.73	67.06	75.90	57.59	27.21
SF10NC30	83.18	70.37	78.65	61.52	32.17

5.3.1.2　高温中纤维纳米混凝土抗压强度

高温中 FNMRC 立方体抗压强度与温度的关系见图 5-2。从图中可以看出,随温度升高,FNMRC 抗压强度逐渐下降。200 ℃时,FNMRC 抗压强度明显降低,各组试件的降幅在 80%～95%;400 ℃时,FNMRC 抗压强度降速变缓,甚至比 200℃时有所回升,各组试件抗压强度与常温的比值均在 90% 以上;600 ℃时,抗压强度降速加快,降至常温的 70%～80%;800 ℃时,抗压强度下降更为显著,降至常温的 30%～40%。

高温中 FNMRC 立方体抗压强度与钢纤维体积率的关系见图 5-3。随钢纤维体积率增大,各温度下 FNMRC 抗压强度均有所提高。400 ℃时抗压强度增幅最大,掺加 0.5%、1.0% 和 1.5% 钢纤维的试件抗压强度较未掺时分别提高了 16%、21% 和 24%;800 ℃高温中分别提高了 8%、20% 和 21%。

高温中 FNMRC 立方体抗压强度与 NS 掺量和 NC 掺量的关系分别见图 5-4 和图 5-5。随 NS 掺量增大,各温度下 FNMRC 抗压强度均有所提高。400 ℃高温中,NS 掺量 0.5%、1.0% 和 1.5% 时抗压强度较未掺时分别提高了 5%、10% 和 9%;800 ℃时增幅最大,分别提高了 12%、12% 和 27%。各温度下 FNMRC 抗压强度随 NC 掺量增大均有所提高,NC 掺量3.0%时,400 ℃和 800 ℃高温中的抗压强度较未掺时分别提高了 6% 和 14%。

5.3.1.3　高温中纤维纳米混凝土抗压强度计算方法

为便于分析温度对高温中 FNMRC 抗压强度的影响,将高温中 FNMRC 抗压强度与常温抗压强度的比值 $f_{\text{fn,cu}}^{\text{T}}/f_{\text{fn,cu}}$ 定义为相对抗压强度。试验所得高温中 FNMRC 相对抗压强度与温度的关系见图 5-6。图中除本章试验结果,还对比了其他研究者对普通混凝土、纤维混凝土和 FNMRC 的试验结果。在试验结果和相关文献数据对比分析的基础上,高温中 FNMRC 抗压强度与温度的关系式取为:

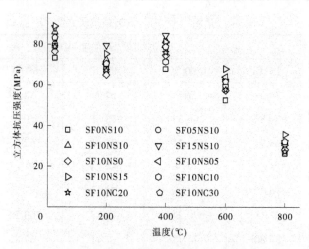

图 5-2　高温中 FNMRC 立方体抗压强度与温度的关系

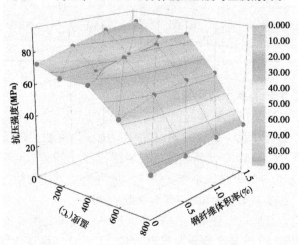

图 5-3　高温中 FNMRC 立方体抗压强度与钢纤维体积率的关系

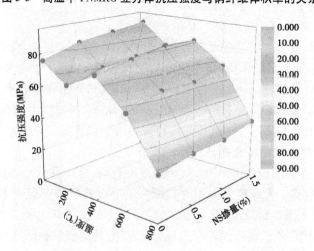

图 5-4　高温中 FNMRC 立方体抗压强度与 NS 掺量的关系

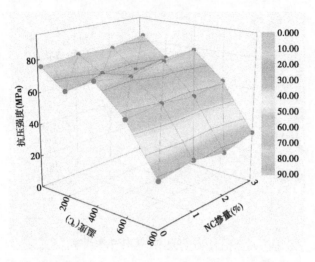

图 5-5 高温中 FNMRC 立方体抗压强度与 NC 掺量的关系

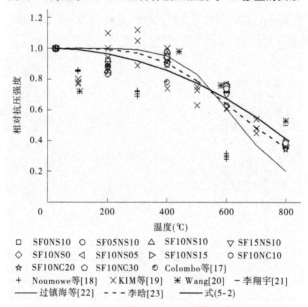

图 5-6 高温中 FNMRC 抗压强度劣化模型

$$f_{fn,cu}^{T} = f_{fn,cu}(1 - 0.029\,4R_T - 0.937R_T^2) \tag{5-1}$$

式中 R_T——与温度有关的参数，$R_T = (T-25)/1\,000, 25\,℃ \leqslant T \leqslant 800\,℃$。

将式(5-1)代入第 4 章式(4-1)即可得到高温中 FNMRC 抗压强度计算公式：

$$f_{fn,cu}^{T} = f_{cu}(1 - 0.029\,4R_T - 0.937R_T^2)(1 + \beta_1 V_N)(1 + \alpha_1 \lambda_T) \tag{5-2}$$

将式(5-2)得到的高温中 FNMRC 抗压强度计算值与试验值进行对比,见图 5-7,试验值与计算值比值的均值为1.022 9,均方差和变异系数分别为0.102 8和0.100 5,二者符合较好。

5.3.2 高温中纤维纳米混凝土轴压应力—应变曲线

高温中 FNMRC 单轴受压性能试验表明,高温中各组 FNMRC 试件的破坏特征基本相

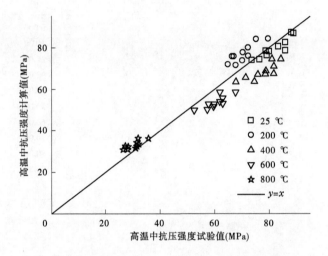

图 5-7　高温中 FNMRC 抗压强度计算值与试验值对比

似。以 SF10NS10 组试件在不同温度中的应力—应变曲线(见图 5-8)为例,FNMRC 轴压破坏可分为 4 个阶段:

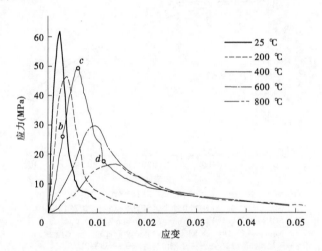

图 5-8　高温中 FNMRC 应力—应变曲线与温度的关系

(1)弹性阶段(0—b):在荷载较小时(约为极限荷载的 50%,对高强混凝土这一比例会有所提高),界面过渡区的裂缝保持稳定,仅在裂缝尖端因应力集中略有扩展,但砂浆基体不会开裂,应力—应变曲线接近线性。此阶段钢纤维的作用十分有限,纳米材料对缓和微裂缝尖端应力集中有一定作用。

(2)裂缝稳定发展阶段(b—c):随荷载继续增大,界面过渡区的裂缝继续增长,基体中出现了裂缝并不断延伸扩展,基体和界面过渡区裂缝成为连续的裂缝体系,呈现出向不稳定裂缝转变的趋势。此阶段应力—应变曲线的曲率逐渐增大,接近峰值荷载时急剧弯曲,顶点处几乎水平。跨越裂缝的钢纤维逐渐起到增强作用,使裂缝扩展速度减缓。

(3)裂缝失稳扩展阶段(c—d):峰值荷载后,混凝土表面平行于受力方向出现细而短的可见裂缝,应力—应变曲线进入下降段,形成彼此连通的微裂缝区,进入开裂的不稳定状态。横跨裂缝的钢纤维有效阻止了裂缝的发展,使开裂截面紧紧相连,提高了截面的承载和变形能力,应力—应变曲线下降段更为平缓,呈现出较大的韧性。

(4)破坏阶段(d点以后):随应变增大,裂缝变宽,钢纤维逐渐被拔出,应力—应变曲线下降趋缓,向平行于横轴方向发展。在较大应变下,FNMRC 仍具有一定强度,试件裂而不散,具有较好韧性。下面分别讨论温度、钢纤维体积率、纳米材料掺量等对 FNMRC 轴压应力—应变曲线、峰值应力、峰值应变和初始弹性模量的影响及其机制。

5.3.2.1　温度对高温中轴压应力—应变曲线的影响

试验测得 SF10NS10 组试件在不同温度中的应力—应变曲线见图 5-8。随温度升高,FNMRC 应力—应变曲线渐趋扁平,峰值点不断下降和右移,曲线上升段斜率和下包面积明显减小。高温中 FNMRC 峰值应力、峰值应变和初始弹性模量(应力—应变曲线中 40% 峰值应力与所对应应变的比值)与温度的关系见图 5-9。随温度升高,FNMRC 峰值应力明显降低,见图 5-9(a),400 ℃ 和 800 ℃ 高温中的峰值应力分别为常温的 81.0% 和27.3%,400 ℃ 高温中的 FNMRC 峰值应力比 200 ℃ 时回升了 5.2%。高温中 FNMRC 峰值应变随温度升高持续增大,见图 5-9(b),与常温相比,400 ℃ 和 800 ℃ 高温中的峰值应变分别增大了 1.66 倍和 4.93 倍。随温度升高,高温中 FNMRC 初始弹性模量显著降低,其降幅远大于峰值应力,见图 5-9(c),400 ℃ 和 800 ℃ 高温中的初始弹性模量仅有常温的24.0% 和 3.3%。

5.3.2.2　钢纤维体积率对高温中轴压应力—应变曲线的影响

试验测得不同钢纤维体积率试件在不同温度中的应力—应变曲线见图 5-10。随钢纤维体积率增大,常温、400 ℃ 和 800 ℃ 高温中 FNMRC 应力—应变曲线愈加饱满,峰值应力、峰值应变和曲线下包面积均不断增大。常温和高温中 FNMRC 峰值应力、峰值应变和初始弹性模量与钢纤维体积率的关系见图 5-11。随钢纤维体积率增大,FNMRC 峰值应力和峰值应变总体呈上升趋势,见图 5-11(a)和图 5-11(b),与未掺钢纤维的试件相比,钢纤维体积率 1.5% 试件在常温、400 ℃ 和 800 ℃ 高温中的峰值应力分别增大了 26.8%、25.2% 和 25.3%,峰值应变分别增加了 27.0%、29.5% 和 8.4%。常温时 FNMRC 初始弹性模量随钢纤维体积率增大明显降低,高温中降幅减小,见图 5-11(c)。钢纤维体积率 1.5% 试件在常温、400 ℃ 和 800 ℃ 时的初始弹性模量分别为未掺钢纤维时的 81.2%、87.9% 和 106.5%。

5.3.2.3　NS 掺量对高温中轴压应力—应变曲线的影响

NS 掺量对常温、400 ℃ 和 800 ℃ 高温中 FNMRC 应力—应变曲线的影响见图 5-12。随 NS 掺量增大,常温、400 ℃ 和 800 ℃ 高温中 FNMRC 的应力—应变曲线愈加饱满,曲线上升段斜率、峰值应力和曲线下包面积均有明显提高。NS 掺量对常温和高温中 FNMRC 峰值应力、峰值应变和初始弹性模量的影响见图 5-13。FNMRC 峰值应力随 NS 掺量增大不断提高,见图 5-13(a),与未掺 NS 的试件相比,NS 掺量 1.5% 试件在常温、400 ℃ 和 800 ℃ 高温中的峰值应力分别增大了 29.4%、24.0% 和 38.7%。常温和高温中 FNMRC 峰值应变随 NS 掺量增加不断减小,见图 5-13(b),与未掺 NS 的试件相比,NS 掺量 1.5% 试件峰值应变在常温、400 ℃ 和 800 ℃ 高温中分别降低了 13.2%、8.1% 和 12.3%。常温和高温中 FNMRC 初始弹性模量随 NS 掺量的增大明显提高,见图 5-13(c),与未掺 NS 的试件相比,

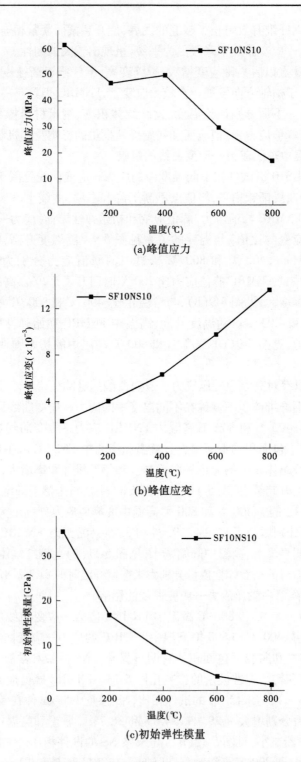

(a)峰值应力

(b)峰值应变

(c)初始弹性模量

图 5-9　不同温度下 FNMRC 峰值应力、峰值应变和初始弹性模量

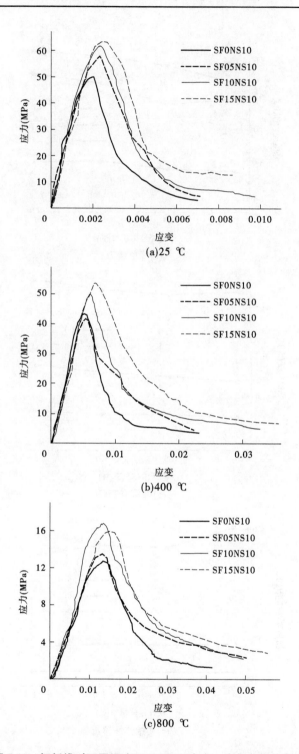

图 5-10 钢纤维对不同温度下 FNMRC 应力—应变曲线的影响

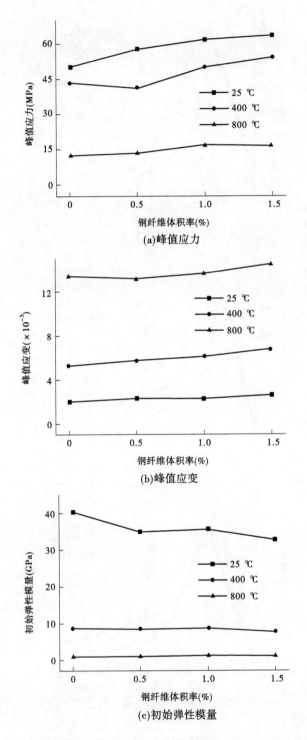

(a)峰值应力

(b)峰值应变

(c)初始弹性模量

图 5-11　钢纤维对不同温度下 FNMRC 峰值应力、峰值应变和初始弹性模量的影响

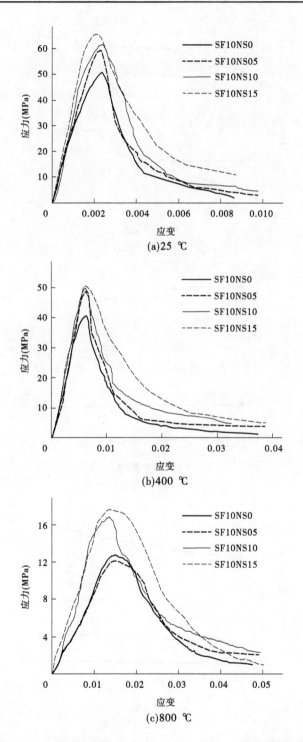

(a)25 ℃

(b)400 ℃

(c)800 ℃

图 5-12　NS 掺量对不同温度下 FNMRC 应力—应变曲线的影响

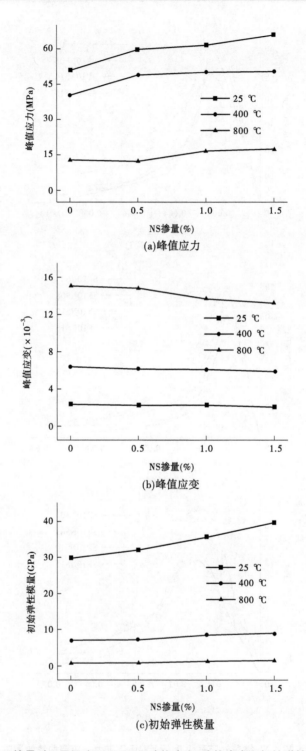

(a)峰值应力

(b)峰值应变

(c)初始弹性模量

图 5-13　NS 掺量对不同温度下 FNMRC 峰值应力、峰值应变和初始弹性模量的影响

NS 掺量 1.5% 试件在常温、400 ℃ 和 800 ℃ 高温中的初始弹性模量分别提高了 32.1%、27.0% 和 77.8%。

5.3.2.4　NC 掺量对高温中轴压应力—应变曲线的影响

　　NC 掺量对常温、400 ℃ 和 800 ℃ 高温中 FNMRC 应力—应变曲线的影响见图 5-14。随 NC 掺量增大,常温、400 ℃ 和 800 ℃ 高温中 FNMRC 峰值应力和曲线下包面积均呈增大的趋势。常温和高温中 FNMRC 峰值应力、峰值应变和初始弹性模量与 NC 掺量的关系见图 5-15。随 NC 掺量增大,FNMRC 峰值应力不断增大,见图 5-15(a),NC 掺量 3.0% 的试件在常温、400 ℃ 和 800 ℃ 高温中的峰值应力分别比未掺 NC 提高了 20.7%、18.3% 和 14.0%。常温和高温中 FNMRC 的峰值应变随 NC 掺量增加不断减小,见图 5-15(b),与未掺 NC 的试件相比,NC 掺量 3.0% 试件的峰值应变在常温、400 ℃ 和 800 ℃ 高温中分别降低了 9.4%、3.6% 和 16.5%。常温和高温中 FNMRC 的初始弹性模量随 NC 掺量的增大明显提高,见图 5-15(c),NC 掺量 3.0% 试件在常温、400 ℃ 和 800 ℃ 高温中的初始弹性模量分别比未掺 NC 提高了 15.7%、15.6% 和 49.9%。

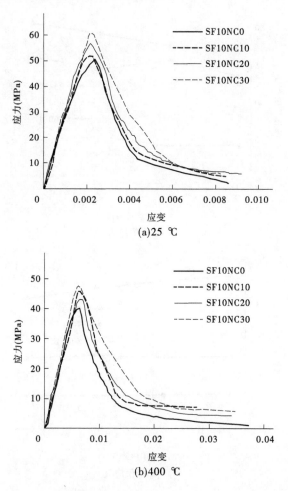

图 5-14　NC 掺量对不同温度下 FNMRC 应力—应变曲线的影响

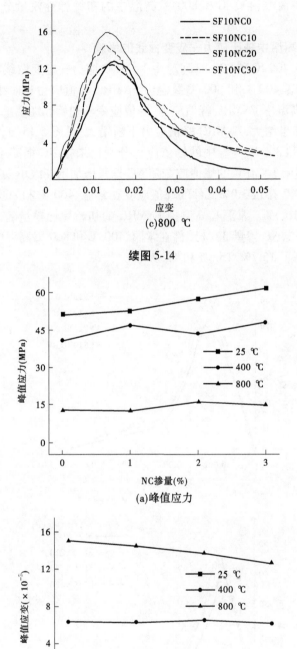

(c)800 ℃

续图 5-14

(a)峰值应力

(b)峰值应变

图 5-15　NC 掺量对不同温度下 FNMRC 峰值应力、峰值应变和初始弹性模量的影响

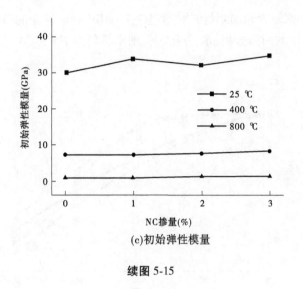

(c)初始弹性模量

续图 5-15

5.4　高温中纤维纳米混凝土轴压本构关系计算

5.4.1　峰值应力

将高温中 FNMRC 峰值应力 $f_{\mathrm{cp,T}}$ 与常温峰值应力 f_{cp} 的比值称为相对峰值应力,根据本书试验结果,其随温度的变化见图 5-16,图中还对比了其他研究者对高温后普通混凝土、高强混凝土、高性能混凝土、纤维混凝土、再生混凝土和纳米混凝土的试验结果,其中引用文献[7,8,15,24-26]的数据点均取为多组试验结果的平均值,虚线为各研究者[12,13,16,22]建议的关系曲线。在试验结果及其对比分析的基础上,高温中 FNMRC 峰值应力 $f_{\mathrm{cp,T}}$ 的关系式取为

$$f_{\mathrm{cp,T}} = f_{\mathrm{cp}}(1 - 0.476R_{\mathrm{T}} - 0.622R_{\mathrm{T}}^2)(1 + \eta_1\lambda_{\mathrm{f}})(1 + \zeta_1 V_{\mathrm{N}}) \tag{5-3}$$

式中　η_1 和 ζ_1——钢纤维和纳米材料对 FNMRC 峰值应力的影响系数。

通过对试验数据的回归分析,$\eta_1 = 0.294, 0 \leqslant \rho_{\mathrm{f}} \leqslant 1.5\%$;纳米材料为 NS 时,$\zeta_1 = 21.26$,$0 \leqslant V_{\mathrm{N}} \leqslant 1.5\%$,纳米材料为 NC 时,$\zeta_1 = 6.272, 0 \leqslant V_{\mathrm{N}} \leqslant 3\%$。

5.4.2　峰值应变

将高温中 FNMRC 峰值应变 $\varepsilon_{\mathrm{p,T}}$ 与常温峰值应变 ε_{p} 的比值称为相对峰值应变,其与温度的关系见图 5-17。通过对本书高温中试验结果和其他研究者[9,12,13,15,16,18,22]高温后试验结果对比可见,高温中的峰值应变相对值明显高于高温后。说明温度和应力耦合作用使 FNMRC 单轴受压行为与二者分别作用时有所差异,高温中 FNMRC 应力—应变曲线上升段斜率的下降速度比高温后更明显。通过对试验结果的对比分析,高温中 FNMRC 峰值应变 $\varepsilon_{\mathrm{p,T}}$ 的关系式取为

$$\varepsilon_{\mathrm{p,T}} = \varepsilon_{\mathrm{p}}(1 + 2.849R_{\mathrm{T}} + 4.967R_{\mathrm{T}}^2)(1 + \eta_2\lambda_{\mathrm{f}})(1 + \zeta_2 V_{\mathrm{N}}) \tag{5-4}$$

式中　η_2 和 ζ_2——钢纤维和纳米材料对高温中 FNMRC 峰值应变的影响系数。

　　通过对试验数据的回归分析，η_2 为 0.208；纳米材料为 NS 和 NC 时，ζ_2 分别为 -7.244 和 -3.089。

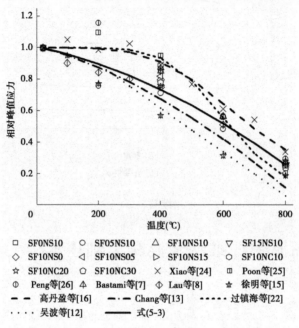

图 5-16　温度对 FNMRC 相对峰值应力的影响

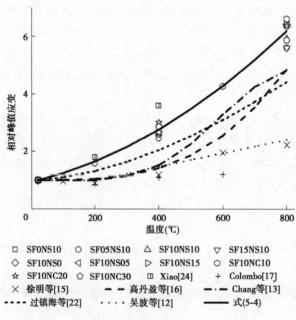

图 5-17　温度对 FNMRC 相对峰值应变的影响

5.4.3　初始弹性模量

将不同温度下 FNMRC 初始弹性模量 $E_{0,T}$ 与常温初始弹性模量 E_0 的比值称为相对初始弹性模量,根据本书的试验结果,其与温度的关系见图 5-18。可以看出,高温中 FNMRC 初始弹性模量相对值总体上低于文献[8,12-15,22,27]中高温后的试验结果,其原因可能是高温中混凝土存在体积微膨胀,在相同应力作用下的变形较大。在试验结果及其对比分析的基础上,高温中 FNMRC 初始弹性模量 $E_{0,T}$ 的关系式为

$$E_{0,T} = E_0(1 - 3.728R_T + 5.414R_T^2 - 2.867R_T^3)(1 + \eta_3\lambda_f)(1 + \zeta_3 V_N) \qquad (5\text{-}5)$$

式中　η_3 和 ζ_3——钢纤维和纳米材料对高温中 FNMRC 初始弹性模量的影响系数。

通过对试验数据的回归分析,η_3 为 -0.189;纳米材料为 NS 和 NC 时,ζ_3 分别为 20.712 和 9.505。

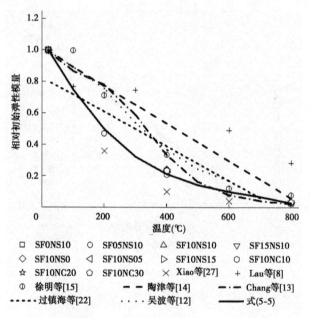

图 5-18　温度对 FNMRC 相对初始弹性模量的影响

将式(5-3)~式(5-5)得到的高温中 FNMRC 峰值应力、峰值应变和初始弹性模量的计算值与试验值进行对比,见图 5-19,计算值与试验值均符合良好。峰值应力试验值与计算值比值的均值为 0.971 2,均方差和变异系数分别为 0.095 3 和 0.098 1;峰值应变试验值与计算值比值的均值为 1.000 5,均方差和变异系数分别为 0.042 4 和 0.042 4;初始弹性模量试验值与计算值比值的均值为 1.010 8,均方差和变异系数分别为 0.117 0 和 0.115 8。

5.4.4　上升段和下降段参数

将实测的不同温度中 FNMRC 单轴受压应力—应变曲线归一化,换算成横坐标为 $x = \varepsilon/\varepsilon_{p,T}$、纵坐标为 $y = \sigma/f_{cp,T}$ 的曲线,见图 5-20。其中,σ 和 ε 分别为高温中 FNMRC 的应力和应变;$f_{cp,T}$ 和 $\varepsilon_{p,T}$ 分别为高温中 FNMRC 的峰值应力和峰值应变。可见,归一化的高温中 FNMRC 应力—应变曲线与常温时有相似的几何特征,可采用与常温有相同形式的应力—

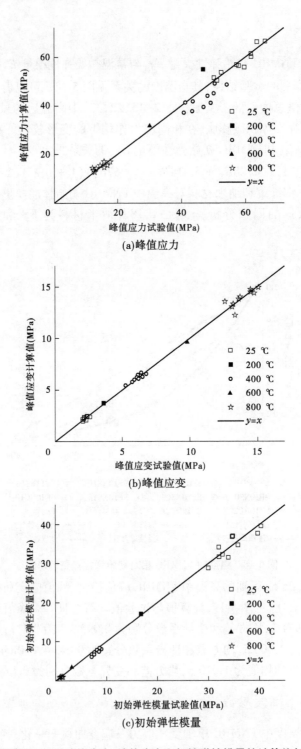

(a)峰值应力

(b)峰值应变

(c)初始弹性模量

图 5-19　高温中 FNMRC 峰值应力、峰值应变和初始弹性模量的计算值与实测值对比

应变曲线方程。目前,常温下混凝土应力—应变曲线方程有多种,经过对比分析,选用上升段为多项式、下降段为有理式的本构关系式,其需满足的几何条件和具体推导过程详见文献[16,29]。

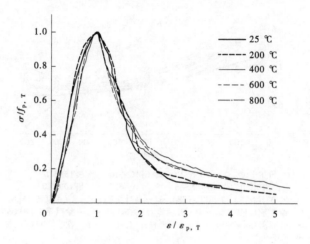

图 5-20　不同温度下 FNMRC 的归一化应力—应变曲线

$$y = \alpha x + (3 - 2\alpha)x^2 + (\alpha - 2)x^3 \quad (0 \leqslant x \leqslant 1) \tag{5-6a}$$

$$y = \frac{x}{\beta(x-1)^2 + x} \quad (x \geqslant 1) \tag{5-6b}$$

式中　α、β——归一化的 FNMRC 应力—应变曲线上升段、下降段的参数。

α 反映高温中 FNMRC 变形模量的变化,其值越大,曲线稳定发展段的变形量越大。β 反映曲线下降段与 x 轴包围面积的大小,其值越大,曲线下降段越陡,与 x 轴包围的面积越小。其中,α 在数值上等于初始弹性模量与峰值弹性模量的比值,即

$$\alpha = E_{0,T}/E_{p,T} = E_{0,T}\varepsilon_{p,T}/f_{cp,T} \tag{5-7}$$

根据试验结果,由式(5-7)计算得到的参数 α 与温度的关系见图 5-21。可以看出,α 随温度升高呈现减小趋势,与高温后相比,高温中的降幅明显减小,说明高温中对 α 的影响比高温后小。这是因为高温后混凝土在降温过程中经历了二次损伤,导致界面区的微裂缝增多;温度越高,其在裂缝稳定发展阶段的变形较小,应力—应变曲线上升段更接近直线,α 随温度升高的下降明显。高温中由于混凝土存在体积膨胀,随温度升高,其初始弹性模量和峰值弹性模量的降幅均大于高温后,但二者之比值,即 α 的值相对稳定,降幅明显低于高温后。

结合各组试件实测的高温中应力—应变曲线,由式(5-7)计算得到的 α 与钢纤维体积率、NS 和 NC 掺量的关系见图 5-22。可以看出,随钢纤维体积率增大,常温和高温中的 α 总体上均呈减小趋势,见图 5-22(a),这与文献[16]的结论有明显区别,可能是高温中和高温后的不同及所选用钢纤维类型的不同引起的。本书采用的是端钩型钢纤维,在浇筑过程中钢纤维的骨架作用更明显,降低了混凝土的密实度和初始弹性模量;同时,高温

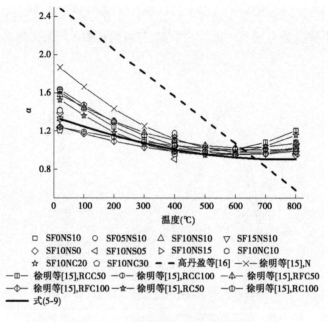

图 5-21　上升段参数 α 与温度的关系

中钢纤维会出现不同程度的软化,其对裂缝稳定发展阶段混凝土变形能力的作用减弱,FNMRC 峰值应变随钢纤维体积率增加的增大有限,从而造成初始弹性模量与峰值弹性模量的比值 α 减小。文献[16]采用的铣削型钢纤维更易振捣密实,对混凝土密实度和初始弹性模量的影响较小,同时,高温后钢纤维的软化会部分恢复,提高了裂缝稳定发展阶段混凝土的变形能力,FNMRC 峰值应变明显增大,从而使其初始弹性模量与峰值弹性模量的比值 α 明显增大。纳米材料掺量对 α 的影响较小,随纳米材料掺量增大,α 值总体上呈现出常温时略有下降、高温中略有上升的趋势,见图 5-22(b)和图 5-22(c)。与高温后相比,高温中 FNMRC 的 α 值总体偏小,主要是纳米材料掺量变化时,各组试件均掺有 1.0% 的钢纤维,钢纤维类型的差别以及高温中和高温后钢纤维对混凝土影响机制不同,使高温中和高温后的 α 值有所不同。

将式(5-3)~式(5-5)代入式(5-7),得到高温中 FNMRC 上升段参数 α 的计算公式:

$$\alpha = \frac{E_0(1 - 3.728R_T + 5.414R_T^4 - 2.867R_T^3) \times (1 + \eta_2\lambda_f) \times (1 + \xi_2V_N) \times \varepsilon_p(1 + 2.849R_T + 4.967R_T^2) \times (1 + \eta_2\lambda_f) \times (1 + \xi_2V_N)}{f_{cp}(1 - 0.476R_T - 0.622R_T^2) \times (1 + \eta_1\lambda_f) \times (1 + \xi_1V_N)}$$

$$(5-8)$$

结合对实测高温中 FNMRC 应力—应变曲线的分析,α 的简化关系式可表达为

$$\alpha = (1.641 - 1.161R_T + 0.786R_T^2) \times (1 + \eta_4\lambda_f) \times (1 + \xi_4V_N) \quad (5-9)$$

式中　η_4 和 ξ_4——钢纤维和纳米材料对 α 的影响系数。

通过对试验数据的回归分析,η_4 为 0.279;纳米材料为 NS 和 NC 时,ξ_4 分别为 0.932 和 -1.385。试验值与式(5-9)计算值之比的均值为 0.994 4,均方差和变异系数分别为 0.076 5 和 0.077 0。

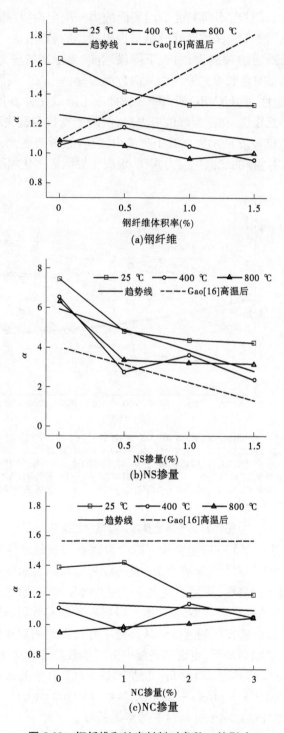

(a)钢纤维

(b)NS掺量

(c)NC掺量

图 5-22 钢纤维和纳米材料对参数 α 的影响

　　根据各组 FNMRC 试件在不同温度下的实测应力—应变曲线，拟合得到的下降段参数 β 与温度的关系见图 5-23。β 随温度升高呈现出减小的趋势，这一点明显不同于高温后的试验结果。如前所述，β 值越大，曲线下降段越陡，无量纲的应力—应变曲线与 x 轴包围的面积越小。高温对参数 β 的影响可从两方面解释：一方面，高温作用使混凝土强度降低，减小了混凝土脆性，使 FNMRC 应力—应变曲线下降段变缓，β 值减小；另一方面，高温对混凝土界面区造成损伤，在达到峰值应力后，混凝土抵抗裂缝失稳扩展能力降低，使应力—应变曲线下降较大，β 值增大。对于高温中，前者的影响更大，β 值呈减小的趋势；对于高温后，由于降温过程的二次热应力损伤，混凝土界面区劣化加剧，后者的影响更大，β 值呈增大的趋势。

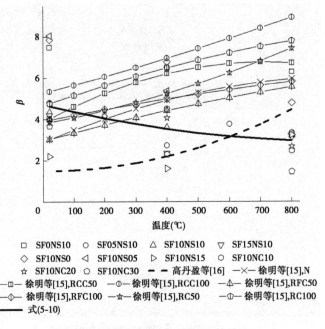

图 5-23　下降段参数 β 与温度的关系

　　高温中 FNMRC 轴压应力—应变曲线下降段参数 β 与钢纤维体积率、NS 和 NC 掺量的关系见图 5-24。随钢纤维体积率增大，β 明显减小，这与高温后的结论一致，主要是由于钢纤维改善了混凝土的韧性，减缓了应力—应变曲线下降的速度。随纳米材料掺量增大，常温和高温中的 β 值均显著减小，说明纳米材料对砂浆与骨料、砂浆与钢纤维界面区的改善有效减缓了裂缝失稳扩展的速度。从高温中和高温后的对比来看，纳米材料对高温中 β 值的影响远比高温后显著，也说明高温中更好地激发了纳米材料的活性。

　　通过对图 5-24 试验结果的综合分析，并结合式（5-6b），β 的关系式为

$$\beta = (5.403\,3 - 3.714R_T + 2.001R_T^2) \times (1 + \eta_5\lambda_f) \times (1 + \xi_5 V_N) \qquad (5\text{-}10)$$

式中　η_5 和 ξ_5——钢纤维和纳米材料对 β 的影响系数。

　　通过对试验数据的回归分析，η_5 为 -0.704；纳米材料为 NS 和 NC 时，ξ_5 分别为 40.61 和 -24.01。试验值与计算值比值的均值为 0.993 9，均方差和变异系数分别为 0.096 3 和 0.096 8。

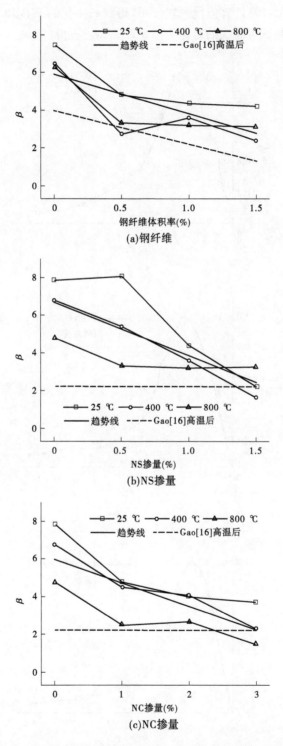

(a)钢纤维

(b)NS掺量

(c)NC掺量

图 5-24　钢纤维和纳米材料对参数 β 的影响

　　将式(5-9)和式(5-10)计算值代入式(5-6)得到归一化的 FNMRC 应力—应变曲线数学表达式,计算曲线与试验曲线的对比见图 5-25,二者符合良好。

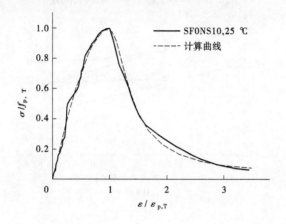

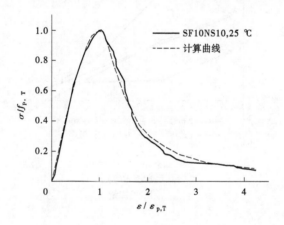

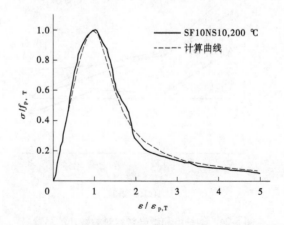

图 5-25　不同温度中理论曲线与实测曲线的对比

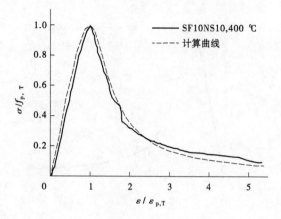

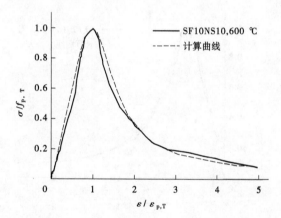

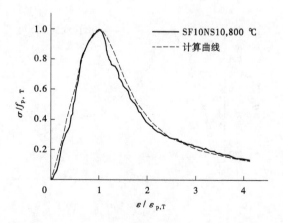

续图 5-25

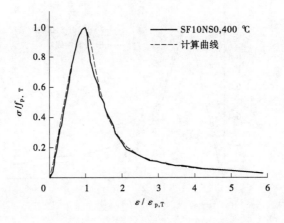

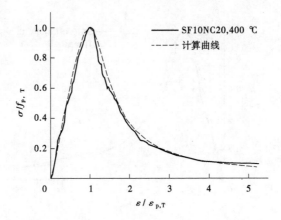

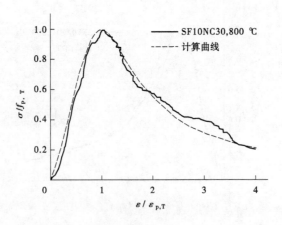

续图 5-25

5.5　小　结

　　本章通过 10 组配合比共 300 个 FNMRC 试件的高温中轴压试验,研究了温度、钢纤维体积率和纳米材料掺量对高温中 FNMRC 抗压强度和单轴受压本构关系的影响。在分析试验结果的基础上,提出了考虑温度、纤维和纳米材料影响的高温中 FNMRC 立方体抗压强度、棱柱体峰值应力、峰值应变和初始弹性模量的计算公式以及高温中 FNMRC 单轴受压应力—应变关系式。主要结论如下:

　　(1)高温中 FNMRC 抗压强度随温度升高逐渐下降,400 ℃之前,降幅较小,400 ℃之后,降幅明显加快;钢纤维和纳米材料对各温度下 FNMRC 的抗压强度均有一定的增益作用。

　　(2)在试验结果的基础上,结合大量的相关文献试验数据,提出了考虑温度、纤维和纳米材料影响的高温中 FNMRC 抗压强度计算模型,计算结果与试验结果吻合较好。

　　(3)高温中 FNMRC 单轴受压破坏可分为弹性阶段、裂缝稳定发展阶段、裂缝失稳扩展阶段和破坏阶段。

　　(4)随温度升高,FNMRC 应力—应变曲线渐趋扁平,曲线下包面积明显减小,峰值应力总体上显著下降,但在 200~400 ℃略有回升,峰值应变不断增大,初始弹性模量显著降低,且高温中 FNMRC 峰值应变的增大程度和弹性模量的降低程度均大于高温后。

　　(5)随钢纤维体积率增大,高温中 FNMRC 应力—应变曲线渐趋饱满,曲线下包面积逐渐增大,峰值应力和峰值应变不断提高,初始弹性模量有所下降。随纳米材料掺量增大,高温中 FNMRC 应力—应变曲线下包面积、峰值应力、峰值应变和初始弹性模量均呈增大的趋势,纳米二氧化硅的效果好于纳米碳酸钙。

　　(6)通过对试验结果的对比分析,建立了高温中 FNMRC 峰值应力、峰值应变和初始弹性模量与温度、纤维和纳米材料掺量的关系式以及考虑纤维、纳米材料和温度影响的高温中 FNMRC 单轴受压应力—应变关系式。

参考文献

[1] Bazant Z P, Kaplan M F. Concrete at high temperatures: material properties and mathematical models [M]. Longman, 1996.

[2] Chen B, Liu J. Residual strength of hybrid-fiber-reinforced high-strength concrete after exposure to high temperatures[J]. Cement and Concrete Research, 2004, 34(6): 1065-1069.

[3] Suhaendi S L, Horiguchi T. Effect of short fibers on residual permeability and mechanical properties of hybrid fibre reinforced high strength concrete after heat exposition[J]. Cement and Concrete Research, 2006, 36(9): 1672-1678.

[4] Castillo C. Effect of transient high temperature on high-strength concrete[D]. Rice University, 1987.

[5] Poon C S, Azhar S, Anson M, et al. Performance of metakaolin concrete at elevated temperatures[J]. Cement and Concrete Composites, 2003, 25(1): 83-89.

[6] Kalifa P, Menneteau F D, Quenard D. Spalling and pore pressure in HPC at high temperatures[J].

Cement and concrete research, 2000, 30(12): 1915-1927.

[7] Bastami M, Baghbadrani M, Aslani F. Performance of nano-Silica modified high strength concrete at elevated temperatures[J]. Construction and Building Materials, 2014, 68: 402-408.

[8] Lau A, Anson M. Effect of high temperatures on high performance steel fibre reinforced concrete[J]. Cement and Concrete Research, 2006, 36(9): 1698-1707.

[9] Kalifa P, Chene G, Galle C. High-temperature behaviour of HPC with polypropylene fibres: From spalling to microstructure[J]. Cement and Concrete Research, 2001, 31(10): 1487-1499.

[10] Han C G, Hwang Y S, Yang S H, et al. Performance of spalling resistance of high performance concrete with polypropylene fiber contents and lateral confinement[J]. Cement and Concrete Research, 2005, 35(9): 1747-1753.

[11] Peng G F, Yang W W, Zhao J, et al. Explosive spalling and residual mechanical properties of fiber-toughened high-performance concrete subjected to high temperatures[J]. Cement and Concrete Research, 2006, 36(4): 723-727.

[12] 吴波, 马忠诚, 欧进萍. 高温后混凝土变形特性及本构关系的试验研究[J]. 建筑结构学报, 1999, 20(5): 42-49.

[13] Chang Y F, Chen Y H, Sheu M S, et al. Residual stress-strain relationship for concrete after exposure to high temperatures[J]. Cement and Concrete Research, 2006, 36(10): 1999-2005.

[14] 陶津, 柳献, 袁勇, 等. 高温下自密实混凝土强度和变形性能试验研究[J]. 同济大学学报: 自然科学版, 2009, 37(6): 738-743.

[15] 徐明, 王韬, 陈忠范. 高温后再生混凝土单轴受压应力—应变关系试验研究[J]. 建筑结构学报, 2015, 36(2): 158-164.

[16] 高丹盈, 李晗. 高温后纤维纳米混凝土单轴受压应力—应变关系[J]. 土木工程学报, 2015, 48(10): 10-20.

[17] Colombo M, Di Prisco M, Felicetti R. Mechanical properties of steel fibre reinforced concrete exposed at high temperatures[J]. Materials and Structures, 2010, 43(4): 475-491.

[18] Noumowe A N, Siddique R, Debicki G. Permeability of high-performance concrete subjected to elevated temperature (600 ℃)[J]. Construction and Building Materials, 2009, 23(5): 1855-1861.

[19] Gyu-Yong K I M, Young-Sun K I M, Tae-Gyu L E E. Mechanical propertiesof high-strength concrete subjected to high temperature by stressed test[J]. Transactions of Nonferrous Metals Society of China, 2009, 19: 128-133.

[20] Wang H Y. The effects of elevated temperature on cement paste containing GGBFS[J]. Cement and Concrete Composites, 2008, 30(10): 992-999.

[21] 李翔宇. 高温后纤维矿渣微粉混凝土力学性能研究[D]. 郑州: 郑州大学, 2009.

[22] 过镇海, 时旭东. 钢筋混凝土的高温性能及其计算[M]. 北京: 清华大学出版社, 2003.

[23] 李晗. 高温后纤维纳米混凝土性能及其计算方法[D]. 郑州: 郑州大学, 2015.

[24] Xiao J, Falkner H. On residual strength of high-performance concrete with and without polypropylene fibres at elevated temperatures[J]. Fire Safety Journal, 2006, 41(2): 115-121.

[25] Poon C S, Azhar S, Anson M, et al. Comparison of the strength and durability performance of normal-and high-strength pozzolanic concretes at elevated temperatures[J]. Cement and Concrete Research, 2001, 31(9): 1291-1300.

[26] Peng G F, Bian S H, Guo Z Q, et al. Effect of thermal shock due to rapid cooling on residual mechanical properties of fiber concrete exposed to high temperatures[J]. Construction and Building Materials, 2008,

22(5)：948-955.

[27] Xiao J, Xie M, Zhang C. Residual compressive behaviour of pre-heated high-performance concrete with blast-furnace-slag[J]. Fire Safety Journal, 2006, 41(2)：91-98.

[28] 过镇海. 混凝土的强度和变形试验基础和本构关系[M]. 北京：清华大学出版社，1997.

[29] 过镇海. 混凝土的强度和本构关系—原理与应用[M]. 北京：中国建筑工业出版社，2004.

6 高温中纤维纳米混凝土劈拉性能及其计算方法

6.1 引　言

由于混凝土具有取材方便、易于成型、成本和维护费用低、抗渗和抗火性能好等优点,目前依然是应用最广泛的建筑材料。钢纤维加入混凝土以后,由于其与基体之间良好的黏结力,能有效抑制裂缝的扩展和延伸,在钢纤维脱黏和拔出的过程中能吸收很多的能量,从而显著提高混凝土的抗拉强度和韧性,使纤维混凝土表现出良好的塑性破坏特征。目前,国内外对高温后普通混凝土、高强混凝土和纤维混凝土的劈拉强度已开展了一些研究,但关于高温中 FNMRC 劈拉性能的研究还很少。

本章通过 25~800 ℃ 高温中 FNMRC 立方体劈拉性能试验,研究了温度、钢纤维体积率和纳米材料掺量对 FNMRC 高温中劈拉性能的影响。在分析试验结果的基础上,提出了高温中 FNMRC 劈拉强度计算公式和韧性评价方法。

6.2 试验设计

试验采用的原材料和配合比分别见第 2 章和第 3 章。试验以温度、钢纤维体积率、NS 掺量和 NC 掺量为参数,采用 150 mm×150 mm×150 mm 的立方体试件研究高温中 FN-MRC 劈拉性能。试件共 10 组,在不同温度下每组试件各 3 个,共计 150 个试件。

高温中 FNMRC 劈拉性能试验在自行研制的混凝土微机控制高温中劈拉性能试验设备上进行,如图 6-1 所示。与高温中抗压设备的不同之处在于:深入高温炉内的上压头端部呈弧形,下部垫块与上压头正对的部位也突出一个弧形条,以达到劈拉试块的目的。为保证在加载过程中试件不出现倾斜,试块下部左右两边均垫有高温棉。为量测劈拉性能试验过程中试件的横向变形,在左右炉壁与试件中心正对处开有小孔,加载前,耐高温的测杆穿过小孔深入炉内与试件左右侧表面中心接触,测杆的外端与位移传感计相连,量测加载过程中劈拉试件的横向变形,并由计算机采集数据。两个位移计所测得的变形量之和即为劈拉荷载作用下试件的横向变形值。

6.3 试验结果与分析

6.3.1 高温中纤维纳米混凝土劈拉强度

试验所得高温中 FNMRC 劈拉强度和拉压比见表 6-1。

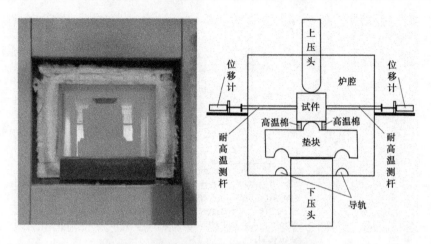

图 6-1 高温中 FNMRC 劈拉性能试验设备

表 6-1 高温中 FNMRC 劈拉强度和拉压比

试件编号	劈拉强度（MPa）					拉压比				
	25 ℃	200 ℃	400 ℃	600 ℃	800 ℃	25 ℃	200 ℃	400 ℃	600 ℃	800 ℃
SF0NS10	4.47	3.43	2.85	1.91	0.95	0.061	0.051	0.042	0.036	0.036
SF05NS10	5.69	4.55	4.10	2.17	0.93	0.071	0.069	0.052	0.036	0.033
SF10NS10	7.43	6.18	5.77	2.90	1.27	0.086	0.086	0.071	0.046	0.040
SF15NS10	7.90	6.12	6.22	3.03	1.31	0.090	0.077	0.074	0.049	0.041
SF10NS0	5.93	4.93	4.53	2.21	0.97	0.078	0.076	0.061	0.039	0.035
SF10NS05	7.09	5.81	5.82	2.74	1.34	0.085	0.083	0.074	0.043	0.042
SF10NS15	7.82	6.35	6.15	2.85	1.34	0.088	0.085	0.076	0.042	0.038
SF10NC10	5.83	5.45	4.22	2.14	0.92	0.074	0.078	0.059	0.036	0.030
SF10NC20	6.94	5.13	5.43	2.64	1.09	0.088	0.076	0.072	0.046	0.040
SF10NC30	6.87	5.54	5.41	2.49	1.16	0.083	0.079	0.069	0.040	0.036

6.3.1.1 温度对高温中纤维纳米混凝土劈拉强度的影响

高温中 FNMRC 劈拉强度和相对劈拉强度（高温中劈拉强度与常温劈拉强度的比值 $f_{\mathrm{fn,t}}^{\mathrm{T}}/f_{\mathrm{fn,t}}$）与温度的关系分别见图 6-2(a)和图 6-2(b)。可以看出，随温度升高，FNMRC 劈拉强度显著降低。与常温相比，200 ℃时各组试件的劈拉强度平均降低了 19%，其中降幅最小的 SF10NC10 组试件和降幅最大的 SF10NC20 组试件劈拉强度分别下降了 6% 和 26%。400 ℃时各组试件劈拉强度比常温时平均下降了 24%，其中 SF10NS05 组试件降幅最小，仅为 18%，SF0NS10 组试件降幅最大，高达 36%。600 ℃以后劈拉强度下降速度明显加快，600 ℃ 时 SF0NS10 组试件和 SF10NC30 组试件的相对劈拉强度分别为 43% 和 36%，各组试件的平均降幅高达 62%。800 ℃时各组试件的劈拉强度平均仅剩常温时的 17%，降幅最小的 SF0NS10 组试件劈拉强度也降低了 79%，最大的 SF10NC20 组试件降幅达到 84%。温度对 FNMRC 拉压比的影响见图 6-2(c)。随温度升高，高温中 FNMRC 拉压比明显降低，200 ℃、400 ℃、600 ℃ 和 800 ℃时，平均拉压比分别比常温降低了 6%、19%、49% 和 54%，说明 FNMRC 抗拉性能的高温劣化显著大于抗压性能。这是由于高温损伤会使混凝土基体和界面处的裂缝增多增大，而抗拉性能对损伤和裂缝比抗压性能更敏感。

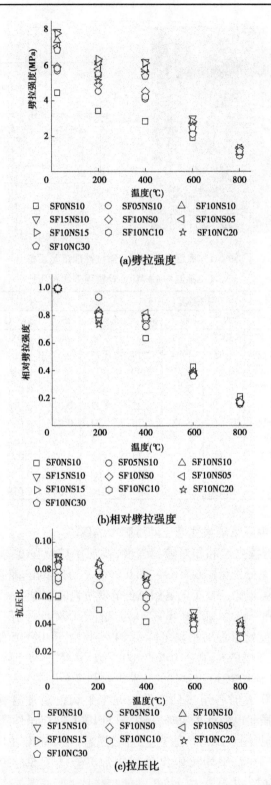

(a)劈拉强度

(b)相对劈拉强度

(c)拉压比

图 6-2　温度对 FNMRC 劈拉强度、相对劈拉强度和拉压比的影响

此外,从图 6-2 可以看出,400 ℃之前不同组试件的劈拉强度和拉压比离散性较大,600 ℃之后离散性较小。200 ℃和 400 ℃时相对劈拉强度的浮动范围分别为 20%和18%;600 ℃和 800 ℃时浮动范围降至 7%和 5%。造成这一现象的原因是,400 ℃之前钢纤维的增强作用非常大,是否掺加钢纤维、钢纤维的体积率都会对试件的劈拉强度产生很大影响。600 ℃以后,各组试件劈拉强度的浮动范围变小的主要原因是钢纤维增强作用减弱,温度作为关键因素的主导地位更进一步地体现出来;次要原因是 600 ℃以后各组试件劈拉强度已经很小,其波动范围也随之减小。关于高温中钢纤维增强作用削弱的原因将在下文中进一步阐述。

6.3.1.2 钢纤维对高温中纤维纳米混凝土劈拉强度的影响

钢纤维体积率对高温中 FNMRC 劈拉强度和拉压比的影响见图 6-3。由图 6-3(a)可见,随钢纤维体积率增大,各温度下 FNMRC 劈拉强度均显著提高。400 ℃之前钢纤维的增强作用更明显,600 ℃以后钢纤维的增强作用有所削弱。与未掺钢纤维的试件相比,掺加 1.5%钢纤维的试件劈拉强度在常温、200 ℃和 400 ℃时分别提高了 77%、79%和119%;600 ℃和 800 ℃时增幅分别降至 59%和 39%。图 6-3(b)显示,各温度下 FNMRC拉压比均随钢纤维体积率增大而提高,说明钢纤维在常温和高温中对抗拉性能的增强效果显著均优于抗压性能。与劈拉强度相似,600 ℃以后,钢纤维对拉压比的改善作用也有所削弱,与未掺钢纤维的试件相比,掺加 1.5%钢纤维的试件在常温和 400 ℃时拉压比分别提高了 47%和 76%,600 ℃和 800 ℃时提高幅度降至 34%和 14%。600 ℃以后钢纤维增强作用降低的原因是,在高温作用下,相对于钢纤维与基体黏结面的削弱,钢纤维本身的强度降低更严重,导致试件的破坏形态由原来的钢纤维拔出破坏转变成拉断破坏,见图 6-4。

从图 6-4 可以看出,400 ℃高温中试件破坏时钢纤维全部为脱黏拔出,常温和 200 ℃时钢纤维也全部是拔出破坏,因此未列出。600 ℃时钢纤维多数为拉断破坏,只有少部分为拔出破坏,800 ℃时钢纤维全部为拉断破坏。由此可见,600 ℃是 FNMRC 中钢纤维破坏特征改变的转折点。需要指出的是,该结论仅适用于本书所用的 FNMRC。钢纤维类型、形状、直径、长径比等都会影响钢纤维自身的高温强度,而混凝土强度等级、纳米材料类型与掺量等因素会影响钢纤维与基体的黏结性能,进而影响高温中钢纤维混凝土的破坏特征。因此,高温中不同钢纤维的力学特性及其对混凝土高温性能的影响还需要进一步研究。

6.3.1.3 纳米材料对高温中纤维纳米混凝土劈拉强度的影响

高温中 FNMRC 劈拉强度和拉压比与 NS 掺量的关系见图 6-5。图 6-5(a)表明,随 NS掺量增大,各温度下 FNMRC 劈拉强度和拉压比均有所提高。在不同温度下,NS 对 FN-MRC 劈拉强度的提高幅度比较接近。常温、200 ℃、400 ℃、600 ℃和 800 ℃高温中,掺加1.5% NS 试件的劈拉强度比未掺时分别提高了 32%、29%、36%、29%和 38%,拉压比分别提高了 13%、11%、25%、9%和 9%。NS 掺量 0.5%、1.0%和 1.5%时,不同温度下劈拉强度增幅的平均值分别为 25%、28%和 33%,拉压比的增幅分别为 13%、14%和 14%。拉压比的提高说明 NS 对 FNMRC 抗拉性能的提高比抗压性能更明显,原因在于 NS 可以显著改善混凝土中基体与骨料以及基体与钢纤维的界面性能,而界面的改善对 FNMRC 抗拉性能的影响更大。纳米材料的增强机制将在后面的章节中详细解释。

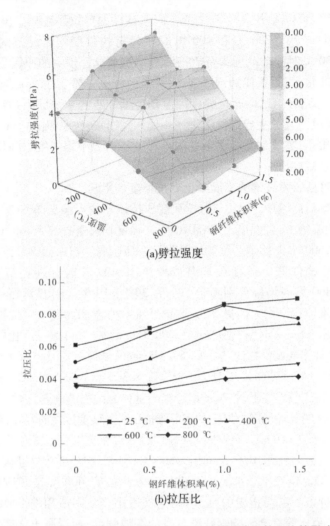

(a)劈拉强度

(b)拉压比

图 6-3　钢纤维体积率对高温中 FNMRC 劈拉强度和拉压比的影响

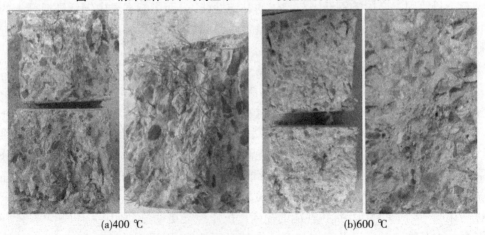

(a)400 ℃　　　　　　　　　　　　(b)600 ℃

图 6-4　高温中 FNMRC 劈拉破坏形态

(c)800 ℃

续图 6-4

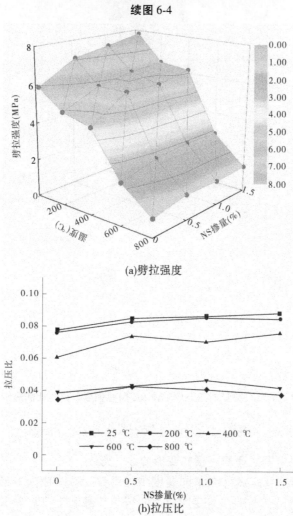

(a)劈拉强度

(b)拉压比

图 6-5　NS 掺量对高温中 FNMRC 劈拉强度和拉压比的影响

NC 掺量对高温中 FNMRC 劈拉强度和拉压比的影响见图 6-6。由图 6-6 可见, NC 对高温中 FNMRC 劈拉强度和拉压比的影响与 NS 相似,但增幅不如后者。常温、200 ℃、400 ℃、600 ℃和 800 ℃高温中, NC 掺量 3.0%时试件的劈拉强度比未掺时分别提高了 16%、12%、19%、12%和 19%,拉压比分别提高了 6%、3%、13%、5%和 4%。掺加 1.0%、2.0%和 3.0% NC 的试件在不同温度下劈拉强度与未掺时比值的平均值分别为 0.99、1.14 和 1.16,拉压比与未掺时比值的平均值分别为 0.96、1.12 和 1.07。

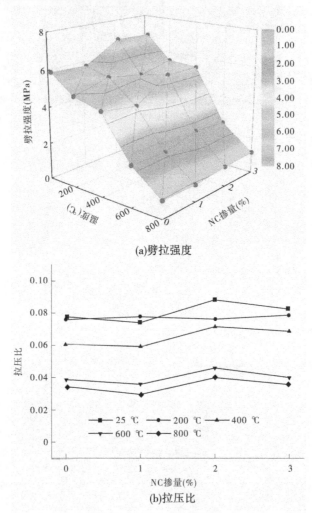

(a)劈拉强度

(b)拉压比

图 6-6　NC 掺量对高温中 FNMRC 劈拉强度和拉压比的影响

6.3.2　高温中纤维纳米混凝土劈拉荷载—横向变形曲线

6.3.2.1　温度对高温中劈拉荷载—横向变形曲线的影响

试验测得 SF10NS10 组试件在不同温度中的劈拉荷载—横向变形曲线见图 6-7。随温度升高, FNMRC 劈拉荷载—横向变形曲线的峰值荷载和上升段斜率不断降低,峰值变形不断增大,曲线下包面积明显减小。200 ℃、400 ℃、600 ℃和 800 ℃高温中的峰值点变形分别增大至常温的 1.46 倍、1.93 倍、2.44 倍和 3.15 倍,曲线总下包面积分别减小了 24%、13%、54% 和 77%。说明在高温作用下,混凝土内部会产生高温损伤,导致混凝土的变形量增大、能量吸收能力降低。此外,峰值前曲线下包面积的大小由峰值荷载、峰值点变形共同确定,600 ℃之前,尽管峰值荷载显著降低,但峰值点变形的增长更多,峰值前曲线下包面积有所增大,200 ℃、400 ℃和 600 ℃时分别增大了 10%、80% 和 18%;800 ℃时,峰值荷载的下降已非常严峻,虽然峰值点变形增大了 3.15 倍,峰值前曲线下包面积仍降低了 29%。

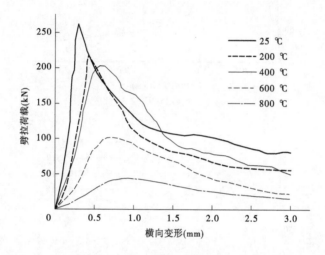

图 6-7 高温中 FNMRC 劈拉荷载—横向变形曲线与温度的关系

此外,常温时 FNMRC 劈拉荷载—横向变形曲线在峰值点处有明显的尖角,荷载下降较为迅速。随温度提高,峰值点处的尖角逐渐变得不明显,荷载下降速度逐渐变缓。这是由于温度越高,FNMRC 的内部损伤越严重,这虽然使其峰值荷载显著降低,但同时降低了混凝土的脆性,荷载达到峰值后的能量释放速度变缓。从某种意义上讲,高温损伤使混凝土变得更有塑性,这与低强混凝土比高强混凝土塑性更好有些类似。

6.3.2.2 钢纤维对高温中劈拉荷载—横向变形曲线的影响

试验测得不同钢纤维体积率试件在常温和 600 ℃高温中的劈拉荷载—横向变形曲线见图 6-8。随钢纤维体积率增大,常温和 600 ℃高温中 FNMRC 劈拉荷载—横向变形曲线愈加饱满,峰值荷载、峰值变形和曲线下包面积均不断增大。与常温相比,高温中钢纤维的增强增韧作用有所削弱。600 ℃时,钢纤维体积率 0.5%、1.0% 和 1.5% 的试件峰值点变形比未掺时分别提高了 4%、6% 和 9%,峰值前曲线下包面积分别提高了 12%、56% 和 105%。未掺钢纤维试件没有测到下降段,因此仅比较有下降段的 3 组试件曲线下包总面积,与掺 0.5% 钢纤维相比,掺加 1.0% 和 1.5% 钢纤维试件在 600 ℃高温中的曲线下包总面积分别提高了 53% 和 68%。由此可见,尽管在 600 ℃高温中,钢纤维从拔出破坏变成了拉断破坏,其增强增韧作用不如常温时,但是仍然对 FNMRC 的劈拉强度、变形能力和能量吸收能力起到了显著的增益效果。

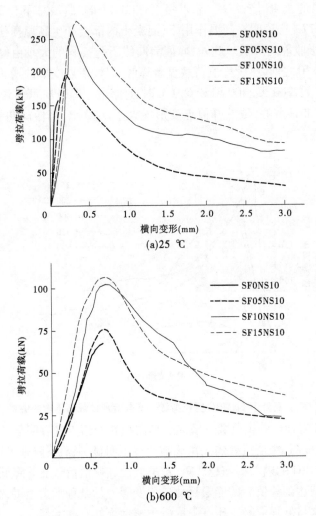

(a) 25 ℃

(b) 600 ℃

图 6-8　钢纤维体积率对高温中 FNMRC 劈拉荷载—横向变形曲线的影响

6.3.2.3　纳米材料对高温中劈拉荷载—横向变形曲线的影响

试验测得不同 NS 掺量和 NC 掺量试件在常温和高温中的劈拉荷载—横向变形曲线分别见图 6-9 和图 6-10。随 NS 掺量增大,常温和 600 ℃高温中 FNMRC 峰值荷载和曲线下包面积均有所增大,但峰值变形变化规律不明显。说明 NS 对高温中 FNMRC 劈拉强度和能量吸收能力有所改善。与未掺 NS 的试件相比,NS 掺量 0.5%、1.0%和 1.5%时 FN-MRC 试件在 600 ℃高温中曲线下包总面积分别提高了 4%、19%和 19%。

由图 6-10 可见,随 NC 掺量增大,常温和 600 ℃高温中 FNMRC 峰值荷载和曲线下包面积均有所增大。与常温时不同,600 ℃高温中,2.0%的 NC 掺量对 FNMRC 能量吸收能力提升效果最明显。NC 掺量 2.0%和 3.0%时曲线下包总面积比未掺时分别提高了 17%和 5%。此外,NC 对高温中 FNMRC 劈拉性能的增益效果依然不如 NS。

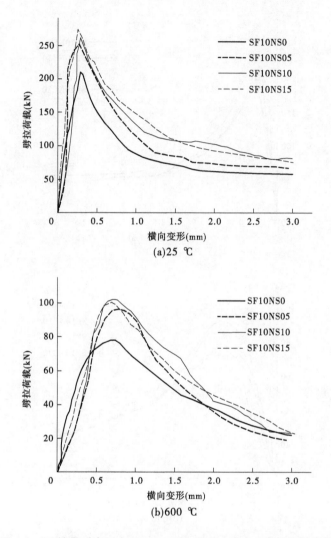

(a)25 ℃

(b)600 ℃

图 6-9 NS 掺量对高温中 FNMRC 劈拉荷载—横向变形曲线的影响

6.4 高温中纤维纳米混凝土劈拉强度计算方法

纤维混凝土的增强机制主要有复合力学理论和纤维间距理论两种代表性理论,其他理论均是在此基础上衍生而来的。这两种理论从不同角度对纤维的增强作用做出了解释,但其结论是一致的。

按照复合力学理论,可以将 FNMRC 视为纤维和纳米材料的复合强化体系。依据混合原理,FNMRC 受拉时的应力计算公式为

$$\sigma_{fn} = \sigma_n \rho_n + \overline{\sigma}_f \rho_f \qquad (6-1)$$

式中 σ_{fn}——FNMRC 的应力;

σ_n——纳米混凝土基体的应力;

$\overline{\sigma}_f$——乱向分布的钢纤维沿主应力方向的有效应力;

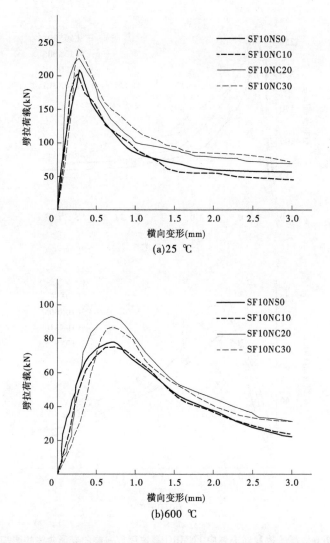

图 6-10　NC 掺量对高温中 FNMRC 劈拉荷载—横向变形曲线的影响

ρ_f——钢纤维体积率；

ρ_n——纳米混凝土基体体积率，$\rho_n = 1 - \rho_f$。

利用剪滞法分析纤维增强复合材料中的应力传递，纤维应力通过与基体间的界面进行应力传递，短纤维沿荷载方向微单元的力平衡示意图见图 6-11。利用平衡条件可以得到钢纤维应力的计算式为

$$\pi r^2 \sigma_f + 2\pi r \tau dz = \pi r^2 (\sigma_f + d\sigma_f) \tag{6-2}$$

式中　τ——钢纤维与基体界面间的剪应力；

σ_f——钢纤维的轴向应力；

r——钢纤维的半径。

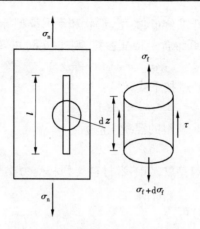

图 6-11 短纤维沿荷载方向微单元的力平衡示意图

将式(6-2)化简后积分可得

$$\sigma_f = \int_0^z \frac{2\tau}{r} \mathrm{d}z \tag{6-3}$$

从式(6-3)可以看出,钢纤维的轴向应力与界面剪应力和纤维直径有关。如果界面剪应力 τ 沿纤维长度方向的变化规律已知,则可计算纤维的应力。为此,引入纤维长度系数 η_1,可以得到以下关系式:

$$\int_0^z \tau \mathrm{d}z = \eta_1 \tau_n l_f \tag{6-4}$$

式中 τ_n——FNMRC 中钢纤维与基体界面间的剪应力;

l_f——钢纤维的长度;

η_1——纤维长度系数,其取值参见文献[7]。

将式(6-4)代入式(6-3)可得到钢纤维的轴向应力:

$$\sigma_f = \eta_1 \tau_n \frac{l_f}{d_f} \tag{6-5}$$

式中 d_f——钢纤维直径。

由于钢纤维在 FNMRC 中是乱向分布的,与应力方向成不同角度的钢纤维对基体的增强作用是有区别的。为此,考虑应力方向上有效纤维的比例,引入纤维方向系数 η_0,可得到钢纤维沿主应力方向的有效应力为

$$\overline{\sigma}_f = \eta_0 \sigma_f = \eta_0 \eta_1 \tau_n \frac{l_f}{d_f} \tag{6-6}$$

式中 η_0——纤维方向系数,其取值参见文献[7]。

将式(6-6)代入式(6-1)可得:

$$\sigma_{fn} = \sigma_n \rho_n + \eta_0 \eta_1 \tau_n \frac{l_f}{d_f} \rho_f \tag{6-7}$$

因为 ρ_f 的值较小,$\rho_n = 1 - \rho_f$ 近似等于 1,所以 FNMRC 的应力为

$$\sigma_{fn} = \sigma_n \left(1 + \eta_0 \eta_1 \frac{\tau_n}{\rho_n} \frac{l_f}{d_f} \rho_f \right) \tag{6-8}$$

取 $\alpha = \eta_0\eta_1\tau_n/\rho_n$，是与纤维分布、类型、形状和受力类型等有关的参数，其值由试验数据统计确定；$\lambda_f = \rho_f l_f/d_f$，钢纤维含量特征参数，则式(6-8)可转化为

$$\sigma_{fn} = \sigma_n(1 + \alpha\lambda_f) \tag{6-9}$$

纳米混凝土基体的应力 σ_n 按下式计算：

$$\sigma_n = \sigma(1 + \beta V_N) \tag{6-10}$$

式中　σ——未掺纤维和纳米材料的混凝土应力；

　　　V_N——纳米材料掺量；

　　　β——纳米材料的影响参数，与纳米材料类型和受力类型等有关，其值由试验数据统计确定。

将式(6-10)代入式(6-9)可得：

$$\sigma_{fn} = \sigma(1 + \beta V_N)(1 + \alpha\lambda_f) \tag{6-11}$$

该公式与第4章FNMRC常温劈拉强度计算公式(4-3)是一致的。在式(6-11)的基础上，考虑温度的影响，并结合对本书及相关文献[10 – 23]50多组试件高温试验数据的对比分析(见图6-12)，得到高温中FNMRC劈拉强度计算公式：

$$f_{fn,t}^T = f_t(1 - 0.541R_T - 0.752R_T^2)(1 + \beta_2 V_N)(1 + \alpha_2\lambda_f) \tag{6-12}$$

式中　$f_{fn,t}^T$——高温中FNMRC劈拉强度；

　　　其他符号意义同前。

式(6-12)中 α_2 和 β_2 的取值与第4章常温时的取值相同。

将式(6-12)得到的高温中FNMRC劈拉强度计算值与试验值进行对比，见图6-13。试验值与计算值比值的均值为1.028 8，均方差和变异系数分别为0.127 4和0.123 8，计算值与试验结果符合较好。

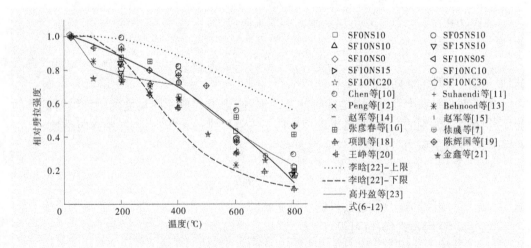

图6-12　高温中FNMRC劈拉强度劣化模型

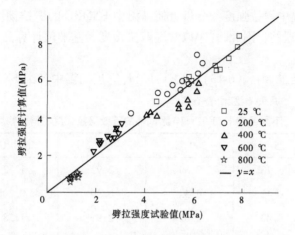

图 6-13 高温中 FNMRC 劈拉强度计算值与试验值对比

6.5 高温中纤维纳米混凝土劈拉韧性计算方法

与常温相似,高温中 FNMRC 等效劈拉强度可用下式计算:

$$f_{et,op}^{T} = \frac{2\Omega_{t,op}^{T}}{\pi b h D_{t,op}^{T}} \tag{6-13}$$

$$f_{et,p-d}^{T} = \frac{2\Omega_{t,p-d}^{T}}{\pi b h D_{t,p-d}^{T}} \tag{6-14}$$

$$D_{t,p-d}^{T} = D_{t,d}^{T} - D_{t,op}^{T} \tag{6-15}$$

式中 $f_{et,op}^{T}$、$f_{et,p-d}^{T}$——高温中 FNMRC 等效初始劈拉强度、等效残余劈拉强度,MPa;

$D_{t,op}^{T}$——高温中劈拉荷载—横向变形曲线上的峰值变形,mm;

$\Omega_{t,op}^{T}$——$D_{t,op}^{T}$ 前的曲线下包面积,N·mm;

$D_{t,p-d}^{T}$——高温中劈拉荷载—横向变形曲线 $D_{t,op}^{T}$ 至 $D_{t,d}^{T}$ 段的横向变形值,mm;

$\Omega_{t,p-d}^{T}$——$D_{t,op}^{T}$ 至 $D_{t,d}^{T}$ 段对应的曲线下包面积,N·mm;

$D_{t,d}^{T}$——给定的横向变形值,mm,与常温相同,本书 d 取 3,相应的 $D_{t,d}^{T}=3$ mm;

其余符号意义同前。

高温中 FNMRC 劈拉韧度比计算公式为

$$R_{et,op}^{T} = f_{et,op}^{T}/f_{fn,t} \tag{6-16}$$

$$R_{et,p-d}^{T} = f_{et,p-d}^{T}/f_{fn,t} \tag{6-17}$$

式中 $R_{et,op}^{T}$、$R_{et,p-d}^{T}$——高温中 FNMRC 初始劈拉韧度比、残余劈拉韧度比;

$f_{fn,t}$——常温时 FNMRC 劈拉强度,MPa。

式(6-16)和式(6-17)中劈拉韧度比取的是高温中等效劈拉强度与常温劈拉强度的比值。因为高温损伤会使 FNMRC 的劈拉性能(包括劈拉强度和曲线下包面积等)整体下降,劈拉韧度比也应充分考虑劈拉强度的劣化。同时,如前文所述,高温损伤会在一定程度上使混凝土变得更有塑性,峰值后劈拉荷载—横向变形曲线下降速度变缓,若式(6-16)

和式(6-17)中以高温中劈拉强度为分母会使高温中 FNMRC 的劈拉韧度比随温度提高而增大,这显然是不合理的。因此,式中以常温劈拉强度为基准值计算高温中 FNMRC 劈拉韧度比。

依据本章试验结果,由式(6-13)～式(6-17)计算出高温中各组 FNMRC 试件的 $f_{et,op}^T$、$R_{et,op}^T$、$f_{et,p-3}^T$ 和 $R_{et,p-3}^T$,见表 6-2 和表 6-3。

表 6-2　不同温度下 SF10NS10 组试件的等效劈拉强度和劈拉韧度比

韧性指标	25 ℃	200 ℃	400 ℃	600 ℃	800 ℃
$f_{et,op}^T$	3.13	2.35	2.92	1.52	0.71
$R_{et,op}^T$	0.42	0.32	0.39	0.20	0.10
$f_{et,p-3}^T$	3.43	2.62	2.95	1.58	0.80
$R_{et,p-3}^T$	0.46	0.35	0.40	0.21	0.11

表 6-3　高温中各组 FNMRC 试件的等效劈拉强度和劈拉韧度比

试件编号	$f_{et,op}^T$		$R_{et,op}^T$		$f_{et,p-3}^T$		$R_{et,p-3}^T$	
	25 ℃	600 ℃	25 ℃	600 ℃	25 ℃	600 ℃	25 ℃	600 ℃
SF0NS10	2.86	1.03	0.64	0.23	—	—	—	—
SF05NS10	3.47	1.11	0.61	0.20	2.04	1.33	0.36	0.23
SF10NS10	3.13	1.52	0.42	0.20	3.43	2.05	0.46	0.28
SF15NS10	4.23	1.95	0.54	0.25	4.32	2.27	0.55	0.29
SF10NS0	3.47	1.60	0.58	0.27	2.36	1.74	0.40	0.29
SF10NS05	4.12	1.43	0.58	0.20	2.91	1.80	0.41	0.25
SF10NS15	4.49	1.65	0.58	0.21	3.57	2.05	0.46	0.26
SF10NC10	3.46	1.43	0.59	0.24	2.23	1.68	0.38	0.29
SF10NC20	4.33	1.68	0.62	0.24	2.86	2.01	0.41	0.29
SF10NC30	3.32	1.29	0.48	0.19	3.12	1.83	0.45	0.27

图 6-14 给出了各因素对高温中 FNMRC 劈拉韧度比的影响规律。由表 6-2、表 6-3 和图 6-14(a)可见,随温度升高,FNMRC 的等效劈拉强度和劈拉韧度比均显著降低,初始劈拉韧度比和残余劈拉韧度比随温度升高的变化规律非常接近。200 ℃时,二者均明显降低,降幅分别为 25% 和 23%;400 ℃时,初始劈拉韧度比和残余劈拉韧度比较 200 ℃时有所回升,与常温相比降幅分别为 7% 和 14%;600 ℃时,劈拉韧度比降速加快,降幅分别为51% 和 54%;800 ℃时,下降更为显著,二者均降至常温的 23%。

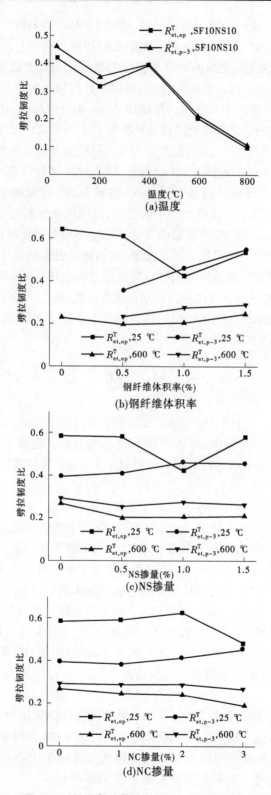

图 6-14　各因素对高温中 FNMRC 劈拉韧度比的影响

从表6-2、表6-3和图6-14(b)可以看出,钢纤维对FNMRC等效劈拉强度和残余劈拉韧度比有明显的提高作用,但对初始劈拉韧度比的影响规律不明显。说明钢纤维对常温和高温中FNMRC劈拉韧性尤其是峰值后劈拉韧性的改善作用比劈拉强度更显著,因此残余劈拉韧度比明显提高。而钢纤维对FNMRC峰值前劈拉韧性的提升与劈拉强度较为接近,因此初始劈拉韧度比没有明显提高。与掺加0.5%钢纤维相比,掺加1.5%钢纤维试件在常温和600 ℃高温中残余劈拉韧度比分别提高了53%和23%;说明钢纤维对高温中FNMRC劈拉韧性的改善效果不如常温,其原因与对劈拉强度的影响相似。

由表6-2、表6-3、图6-14(c)和图6-14(d)可见,纳米材料对FNMRC等效劈拉强度有所提高,但对劈拉韧度比的影响不明显。随着NS掺量和NC掺量增大,常温和高温中FNMRC初始劈拉韧度比总体上均呈现出减小的趋势,说明纳米材料对FNMRC峰值前韧性的改善不如劈拉强度。NS和NC对常温残余劈拉韧度比均有一定的提高,说明纳米材料对FNMRC峰值后劈拉韧性的提升优于劈拉强度,这主要是由于纳米材料对基体和钢纤维界面的改善造成的。而对于高温中,FNMRC残余劈拉韧度比随NS掺量和NC掺量增大均呈现出减小的趋势,这是由于高温损伤对基体和界面损伤远大于纳米材料的改善,高温中FNMRC等效残余劈拉强度随纳米材料的提高幅度小于常温下的劈拉强度,使得高温中FNMRC残余劈拉韧度比有所降低。

6.6 小 结

本章通过10组配合比共150个FNMRC试件的高温中劈拉试验,研究了温度、钢纤维体积率和纳米材料掺量对高温中FNMRC劈拉性能的影响。在分析试验结果的基础上,提出了考虑温度、钢纤维和纳米材料影响的高温中FNMRC劈拉强度和劈拉韧性计算模型。主要结论如下:

(1)高温中FNMRC劈拉强度和拉压比随温度升高逐渐下降,高温作用对劈拉强度的劣化明显大于抗压强度;400 ℃之前,各组试件的劈拉强度浮动范围较大,200 ℃和400 ℃时平均劈拉强度分别降至常温的81%和76%;600 ℃和800 ℃时,温度的主导作用更加显著,各组试件劈拉强度趋于一致,平均劈拉强度分别降至常温的38%和17%。

(2)各温度下FNMRC劈拉强度和拉压比均随钢纤维体积率增大而提高,劈拉强度的提高幅度显著大于抗压强度;钢纤维在400 ℃之前对劈拉强度的增强作用更明显,600 ℃以后增强作用有所削弱;400 ℃、600 ℃和800 ℃高温中,钢纤维体积率1.5%的试件比未掺钢纤维试件劈拉强度分别提高了119%、59%和39%;钢纤维在600 ℃时多数为拉断破坏,少部分为拔出破坏,800 ℃时钢纤维全部为拉断破坏;600 ℃是FNMRC中钢纤维破坏特征改变的转折点。

(3)随纳米材料掺量增大,各温度下FNMRC劈拉强度和拉压比均有所提高,纳米材料对劈拉强度的改善作用优于抗压强度;在不同温度下,纳米材料对FNMRC劈拉强度的提高幅度比较接近,NS的增强作用优于NC;与未掺纳米材料相比,NS掺量1.5%和NC掺量3.0%时,各温度下的平均劈拉强度分别提高了33%和16%。

(4)随温度升高,FNMRC劈拉荷载—横向变形曲线的峰值荷载和上升段斜率不断降低,峰值变形不断增大,曲线下包面积明显减小;高温损伤在一定程度上使混凝土变得更有塑性,峰值点后曲线降速变缓;随钢纤维体积率增大,高温中 FNMRC 劈拉荷载—横向变形曲线愈加饱满,峰值荷载、峰值变形和曲线下包面积均不断增大;随纳米材料掺量增大,高温中 FNMRC 峰值荷载和曲线下包面积均有所增大,但峰值变形变化规律不明显。

　　(5)在本书和大量相关文献试验结果的基础上,结合复合材料理论,提出了考虑温度、钢纤维和纳米材料影响的高温中 FNMRC 劈拉强度计算模型,计算结果与试验结果吻合良好。

　　(6)在详细讨论高温中 FNMRC 劈拉荷载—横向变形曲线基础上,提出了适合高温中 FNMRC 特点的韧性评价方法;随温度升高,FNMRC 劈拉韧性显著降低;钢纤维对高温中 FNMRC 劈拉韧性的提高幅度大于劈拉强度;纳米材料对 FNMRC 劈拉韧性的提高幅度小于劈拉强度。

参 考 文 献

[1] Ma Q, Guo R, Zhao Z, et al. Mechanical properties of concrete at high temperature—a review[J]. Construction and Building Materials, 2015, 93: 371-383.

[2] Yan L, Xing Y M, Li J J. High-temperature mechanical properties and microscopic analysis of hybrid-fibre-reinforced high-performance concrete[J]. Magazine of Concrete Research, 2013, 65(3): 139-147.

[3] Noumowe A. Mechanical properties and microstructure of high strength concrete containing polypropylene fibres exposed to temperatures up to 200℃[J]. Cement and Concrete Research, 2005, 35(11): 2192-2198.

[4] 董香军. 纤维高性能混凝土高温、明火力学与爆裂性能研究[D]. 大连:大连理工大学, 2006.

[5] Siddique R, Kaur D. Properties of concrete containing ground granulated blast furnace slag (GGBFS) at elevated temperatures[J]. Journal of Advanced Research, 2012, 3(1): 45-51.

[6] Gao D Y, Yan D M, Li X Y. Splitting strength of GGBFS concrete incorporating with steel fiber and polypropylene fiber after exposure to elevated temperatures[J]. Fire Safety Journal, 2012, 54: 67-73.

[7] 高丹盈, 刘建秀. 钢纤维混凝土基本理论[M]. 北京:科学技术文献出版社, 1994.

[8] Cox H L. The elasticity and strength of paper and other fibrous materials[J]. British Journal of Applied Physics, 1952, 3(3): 72.

[9] Rosen B W. Mechanics of composite strengthening in fiber composite materials[M]. Metals Park Ohio: American Society for Metals, 1965.

[10] Chen B, Liu J. Residual strength of hybrid-fiber-reinforced high-strength concrete after exposure to high temperatures[J]. Cement and Concrete Research, 2004, 34(6): 1065-1069.

[11] Suhaendi S L, Horiguchi T. Effect of short fibers on residual permeability and mechanical properties of hybrid fibre reinforced high strength concrete after heat exposition[J]. Cement and Concrete Research, 2006, 36(9): 1672-1678.

[12] Peng G F, Yang W W, Zhao J, et al. Explosive spalling and residual mechanical properties of fiber-toughened high-performance concrete subjected to high temperatures[J]. Cement and Concrete Research, 2006, 36(4): 723-727.

[13] Behnood A, Ghandehari M. Comparison of compressive and splitting tensile strength of high-strength con-

crete with and without polypropylene fibers heated to high temperatures[J]. Fire Safety Journal, 2009, 44(8): 1015-1022.

[14] 赵军, 高丹盈, 王邦. 高温后钢纤维高强混凝土力学性能试验研究[J]. 混凝土, 2006, (11): 4-6.

[15] 赵军, 高丹盈. 高温后聚丙烯纤维高强混凝土力学性能试验研究[J]. 四川建筑科学研究, 2008, 34(1): 133-135.

[16] 张彦春, 胡晓波, 白成彬. 钢纤维混凝土高温后力学强度研究[J]. 混凝土, 2001(9): 50-53.

[17] 徐彧, 徐志胜, 朱玛. 高温作用后混凝土强度与变形试验研究[J]. 长沙铁道学院学报, 2000, 18(2): 13-16.

[18] 项凯, 余江滔, 陆洲导. 多因素影响下高温后混凝土劈裂抗拉强度试验[J]. 武汉理工大学学报, 2008, 30(10): 51-55.

[19] 陈辉国, 刘盈丰, 孙波, 等. 钢纤维掺量对混凝土高温力学性能的影响[J]. 重庆交通大学学报: 自然科学版, 2010, 29(4): 552-555.

[20] 王峥, 宋玉普. 高温对混凝土抗拉强度与黏结强度影响的试验研究[J]. 混凝土, 2010(8): 51-53.

[21] 金鑫, 杜红秀, 阎蕊珍. 高性能混凝土高温后劈裂抗拉强度试验研究[J]. 太原理工大学学报, 2013, 44(5): 637-640.

[22] 李晗. 高温后纤维纳米混凝土性能及其计算方法[D]. 郑州: 郑州大学, 2015.

[23] 高丹盈, 赵亮平, 杨淑慧. 纤维矿渣微粉混凝土高温中的劈拉性能[J]. 硅酸盐学报, 2012, 40(5): 677-684.

7 高温中纤维纳米混凝土弯曲韧性及其计算方法

7.1 引 言

韧性指标通常用于定量描述材料、构件或结构开裂后的带裂缝工作能力、吸收能量能力以及整体生存能力(发生大变形时所残余的强度)。目前,确定纤维混凝土韧性的试验方法有压缩、拉伸、剪切和弯曲试验等。其中,弯曲试验方法能够很好地模拟大多数工程构件的实际受力情况,且操作方法简单易行,是测定纤维混凝土耗能能力最流行的试验方法,相应弯曲韧性指标也成为衡量纤维混凝土韧性的最常用指标。目前,国内外对高温后普通混凝土和纤维混凝土的抗折强度和弯曲韧性已开展了一些研究,但关于高温中纤维纳米混凝土弯曲韧性的研究还很少。

本章通过 25~800 ℃高温中 FNMRC 弯曲试验,研究温度、钢纤维体积率和纳米材料掺量对 FNMRC 高温中弯曲性能的影响。在分析试验结果的基础上,提出了高温中 FNMRC 抗折强度计算公式和弯曲韧性评价方法。

7.2 试验设计

试验采用的原材料和配合比分别见第 2 章和第 3 章。试验以温度、钢纤维体积率、NS 掺量和 NC 掺量为参数,采用 100 mm × 100 mm × 400 mm 的梁式试件研究高温中 FN-MRC 弯曲韧性。试件共 10 组,在不同温度下每组试件各 3 个,共计 150 个试件。

高温中 FNMRC 弯曲试验在自行研制的混凝土微机控制高温中弯曲试验设备上进行,如图 7-1 所示。高温中弯曲设备与抗压设备的不同之处在于:深入高温炉内的上压头下端部设置两个间隔 100 mm 的凸条,作为试件三分点加载时的两个加载点;下部垫块的上表面设置两个间隔 300 mm 的凸条,作为试件三分点加载时的支座。为量测高温中试件弯曲时的跨中挠度,共设三个位移计,其中两个分设于上压头两侧与垫块支座对应的位置,并通过顶在试件上表面的耐高温导杆量测试件在两个支座处的变形;中间位移计借助穿过上压头中心的耐高温导杆,并利用杠杆量测试件跨中的变形。三个位移计量测的位移量均由与位移计相连的计算机采集。支座处两个位移计采集的位移量平均值减去跨中处位移计采集的位移量即为试件的跨中挠度。

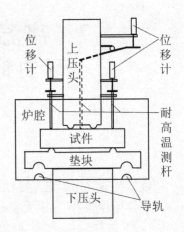

图 7-1　高温中 FNMRC 弯曲试验设备

7.3　试验结果与分析

7.3.1　高温中纤维纳米混凝土抗折强度

试验所得高温中 FNMRC 抗折强度和折压比见表 7-1。

表 7-1　高温中 FNMRC 抗折强度和折压比

试件编号	抗折强度(MPa)					折压比				
	25 ℃	200 ℃	400 ℃	600 ℃	800 ℃	25 ℃	200 ℃	400 ℃	600 ℃	800 ℃
SF0NS10	8.01	5.75	6.13	4.44	2.26	0.109	0.085	0.091	0.085	0.086
SF05NS10	11.55	9.43	8.79	4.87	2.22	0.145	0.142	0.112	0.081	0.078
SF10NS10	13.62	9.70	10.37	7.13	2.91	0.159	0.134	0.127	0.114	0.093
SF15NS10	14.43	10.46	11.31	7.28	3.28	0.164	0.132	0.134	0.118	0.103
SF10NS0	11.41	8.75	10.26	6.41	2.49	0.149	0.135	0.138	0.112	0.089
SF10NS05	12.72	7.95	9.21	7.10	2.44	0.153	0.113	0.117	0.111	0.077
SF10NS15	14.47	10.00	10.65	7.76	3.33	0.133	0.131	0.114	0.093
SF10NC10	11.27	9.72	8.66	6.16	2.54	0.143	0.139	0.121	0.103	0.082
SF10NC20	12.26	8.55	9.84	6.67	2.05	0.156	0.128	0.130	0.116	0.075
SF10NC30	12.43	9.90	10.79	7.87	2.94	0.149	0.141	0.137	0.128	0.091

7.3.1.1　温度对高温中纤维纳米混凝土抗折强度的影响

高温中 FNMRC 抗折强度和相对抗折强度(高温中抗折强度与常温抗折强度的比值

$f_{fn,m}^{T}/f_{fn,m}$ 与温度的关系分别见图 7-2。可以看出,随温度升高,FNMRC 抗折强度显著降低。200 ℃时,FNMRC 抗折强度明显降低,各组试件的降幅在 10% ~40%,不同组试件的离散型较大,其中降幅最小的 SF10NC10 组试件试件和降幅最大的 SF10NS05 组试件抗折强度分别下降了 14% 和 37%。400 ℃时 FNMRC 抗折强度比 200 ℃有所回升,离散型也略有降低,各组试件相对抗折强度的浮动范围在 70% ~90%,其中 SF10NS0 组试件降幅最小,仅为 10%,SF10NS05 组试件降幅最大,为 28%。600 ℃时,各组试件抗折强度降速加快,降至常温的 40% ~65%,离散型也进一步降低,其中降幅最小的 SF10NC30 组试件和降幅最大的 SF05NS10 组试件相对抗折强度分别为 63% 和 42%;800 ℃时,抗折强度下降更为显著,离散型也较小,各组试件的相对抗折强度在 15% ~30%,其中,SF0NS10 组和 SF10NC20 组试件抗折强度分别降低了 72% 和 83%。温度对 FNMRC 折压比的影响见图 7-2(c)。随温度升高,高温中 FNMRC 折压比明显降低,200 ℃、400 ℃、600 ℃和 800 ℃时,平均折压比分别比常温降低了 14%、17%、27% 和 42%,说明 FNMRC 抗拉性能的高温劣化显著大于抗压性能,但小于劈拉性能。

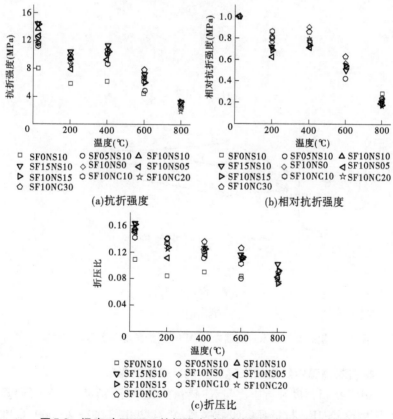

图 7-2　温度对 FNMRC 抗折强度、相对抗折强度和折压比的影响

7.3.1.2　钢纤维对高温中纤维纳米混凝土抗折强度的影响

高温中 FNMRC 抗折强度和折压比与钢纤维体积率的关系见图 7-3。可以看出,随钢纤维体积率增大,各温度下 FNMRC 抗折强度均显著提高。400 ℃之前钢纤维的增强作用更明显,600 ℃以后钢纤维的增强作用有所削弱。与未掺钢纤维的试件相比,掺加 1.5%

钢纤维的试件抗折强度在常温、200 ℃和400 ℃时分别提高了80%、82%和85%；600 ℃和800 ℃时增幅分别降至64%和45%。由图7-3(b)可见,各温度下FNMRC折压比均随钢纤维体积率增大而提高,说明钢纤维在常温和高温中对抗拉性能的增强效果均显著优于抗压性能。与抗折强度相似,600 ℃以后,钢纤维对折压比的改善作用也有所削弱,掺加1.5%钢纤维的试件在常温、200 ℃和400 ℃高温中折压比分别比未掺时提高50%、55%和48%,600 ℃和800 ℃时提高幅度降至39%和20%。600 ℃以后钢纤维增强作用降低的原因与第6章所述相同,此处不再赘述。

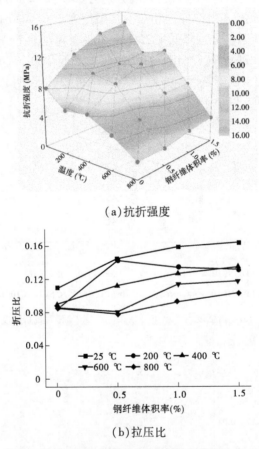

(a)抗折强度

(b)拉压比

图7-3　钢纤维体积率对高温中FNMRC抗折强度和折压比的影响

7.3.1.3　纳米材料对高温中纤维纳米混凝土抗折强度的影响

高温中FNMRC抗折强度和折压比与NS掺量的关系见图7-4。图7-4(a)显示,随NS掺量增大,各温度下FNMRC抗折强度明显提高,常温、200 ℃、400 ℃、600 ℃和800 ℃高温中,掺加1.5% NS试件的抗折强度比未掺时分别提高了27%、14%、4%、21%和33%。由图7-4(b)可见,FNMRC折压比随NS掺量变化不大,与未掺NS时相比,NS掺量1.5%时试件在各温度下折压比增幅的平均值仅为2%。说明NS对高温中抗折强度的增幅与抗压强度接近。

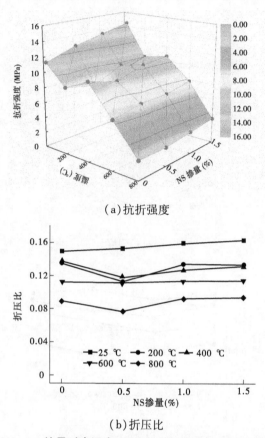

（a）抗折强度

（b）折压比

图 7-4　NS 掺量对高温中 FNMRC 抗折强度和折压比的影响

NC 掺量对高温中 FNMRC 抗折强度和折压比的影响见图 7-5。与 NS 相似，各温度下 FNMRC 抗折强度随 NC 掺量增大明显提高，但折压比变化不大。常温、200 ℃、400 ℃、600 ℃和 800 ℃高温中，NC 掺量 3% 时试件的抗折强度比未掺时分别提高了 9%、13%、5%、23% 和 18%，折压比在各温度下增幅的平均值为 4%。

7.3.2　高温中纤维纳米混凝土弯曲荷载—跨中挠度曲线

7.3.2.1　温度对高温中弯曲荷载—跨中挠度曲线的影响

试验测得 SF10NS10 组试件在不同温度中的弯曲荷载—跨中挠度曲线见图 7-6。随温度升高，FNMRC 峰值挠度明显增大，曲线下包面积显著减小。200 ℃、400 ℃、600 ℃和 800 ℃高温中的峰值挠度分别增大至常温的 1.39 倍、1.92 倍、2.36 倍和 3.47 倍，曲线总下包面积分别减小了 34%、35%、56% 和 81%。说明在高温作用下，混凝土内部会产生高温损伤，导致混凝土的变形量增大，能量吸收能力降低。此外，峰值前曲线下包面积的大小由峰值荷载、峰值挠度等共同确定，600 ℃之前，尽管峰值荷载显著降低，但峰值挠度的增长更多，峰值前曲线下包面积变化却不大，200 ℃、400 ℃和 600 ℃时，峰值前曲线下包面积与常温的比值分别为 0.97、1.10 和 0.96；800 ℃时，峰值荷载的下降已非常严峻，虽然峰值挠度增大了 3.48 倍，但峰值前曲线下包面积仍降低了 34%。

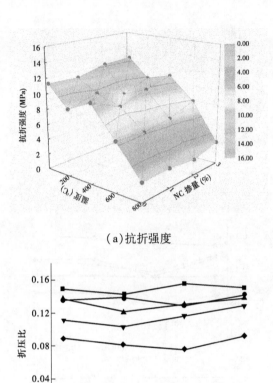

（a）抗折强度

（b）折压比

图 7-5　NC 掺量对高温中 FNMRC 抗折强度和折压比的影响

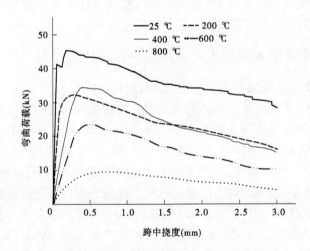

图 7-6　高温中纤维纳米混凝土弯曲荷载—跨中挠度曲线与温度的关系

7.3.2.2 钢纤维对高温中弯曲荷载—跨中挠度曲线的影响

试验测得不同钢纤维体积率试件在不同温度中的弯曲荷载—跨中挠度曲线见图 7-7。随钢纤维体积率增大,常温和 600 ℃高温中 FNMRC 弯曲荷载—跨中挠度曲线愈加饱满,峰值应力、峰值挠度和曲线下包面积均不断增大。与常温相比,高温中钢纤维的增强增韧作用有所削弱。600 ℃时,钢纤维体积率0.5%、1.0%和1.5%的试件峰值挠度比未掺时分别提高了47%、84%和133%,峰值前曲线下包面积分别提高到常温的2.98倍、3.74 倍和8.50 倍;与掺0.5%钢纤维相比,掺加 1.0% 钢纤维和1.5%钢纤维的试件曲线下包总面积分别提高了49%和90%。由此可见,尽管在 600 ℃高温中,钢纤维从拔出破坏变成了拉断破坏,其增强增韧作用不如常温时,仍然对 FNMRC 的抗折强度、变形能力和能量吸收能力起到了显著的增益效果。

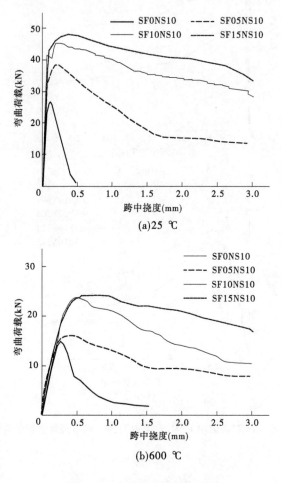

图 7-7   钢纤维对高温中 FNMRC
弯曲荷载—跨中挠度曲线的影响

7.3.2.3　纳米材料对高温中弯曲荷载—跨中挠度曲线的影响

　　试验测得不同 NS 掺量和 NC 掺量试件在常温和高温中弯曲荷载—跨中挠度曲线分别见图 7-8 和图 7-9。随 NS 掺量增大，常温和 600 ℃高温中 FNMRC 峰值荷载和曲线下包面积均有所增大。600℃高温中，NS 掺量 0.5%、1.0% 和 1.5% 时曲线下包总面积比未掺时分别提高了 16%、24% 和 40%。说明 NS 对高温中 FNMRC 的能量吸收能力有所改善。由图 7-9 可见，随 NC 掺量增大，常温和高温中 FNMRC 峰值荷载和曲线下包面积均有所增大。600 ℃高温中，NC 掺量 10%、2.0% 和 3.0% 试件的曲线下包总面积比未掺时分别提高了 12%、23% 和 45%。

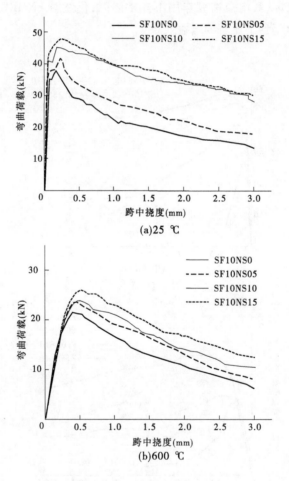

图 7-8　NS 对高温中 FNMRC 弯曲荷载—跨中挠度曲线的影响

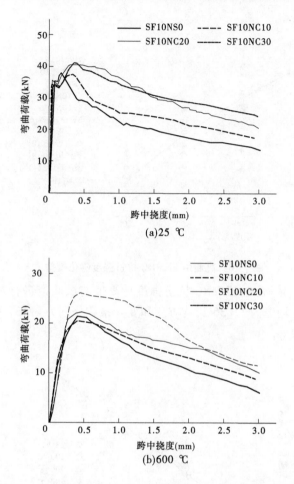

图 7-9　NC 对高温中 FNMRC 弯曲荷载—跨中挠度曲线的影响

7.4　高温中纤维纳米混凝土抗折强度和弯曲韧性计算方法

7.4.1　高温中纤维纳米混凝土抗折强度计算方法

与高温中 FNMRC 劈拉强度计算公式类似,在常温强度计算公式的基础上,考虑温度的影响,并结合对本书及相关文献高温试验数据的对比分析(见图 7-10),可得到高温中 FNMRC 抗折强度关系式:

$$f_{fn,m}^{T} = f_{m}(1 - 0.563R_{T} - 0.587R_{T}^{2}) \times (1 + \beta_{4}V_{N}) \times (1 + \alpha_{4}\lambda_{f}) \qquad (7\text{-}1)$$

式中　$f_{fn,m}^{T}$——高温中 FNMRC 抗折强度;

其余符号意义同前。

式(7-1)中 α_{4} 和 β_{4} 的取值与第 4 章常温时的取值相同。

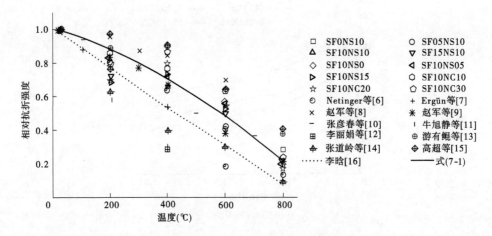

图 7-10　高温中 FNMRC 抗折强度劣化模型

　　将式(7-1)得到的高温中 FNMRC 抗折强度计算值与试验值进行对比,见图 7-11,试验值与计算值比值的均值为 1.036 1,均方差和变异系数分别为 0.137 1 和 0.132 4,计算值与试验结果符合较好。

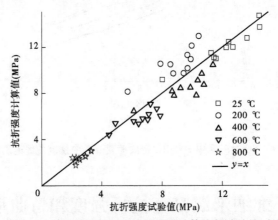

图 7-11　高温中 FNMRC 抗折强度计算值与试验值对比

7.4.2　高温中纤维纳米混凝土弯曲韧性计算方法

　　与常温相似,高温中 FNMRC 等效弯曲强度用下式计算:

$$f_{\mathrm{em,op}}^{\mathrm{T}} = \frac{\Omega_{\mathrm{m,op}}^{\mathrm{T}} L}{bh^2 \delta_{\mathrm{op}}^{\mathrm{T}}} \tag{7-2}$$

$$f_{\mathrm{em,p-k}}^{\mathrm{T}} = \frac{\Omega_{\mathrm{m,p-k}}^{\mathrm{T}} L}{bh^2 \delta_{\mathrm{p-k}}^{\mathrm{T}}} \tag{7-3}$$

$$\delta_{\mathrm{p-k}}^{\mathrm{T}} = \delta_{\mathrm{k}}^{\mathrm{T}} - \delta_{\mathrm{op}}^{\mathrm{T}} \tag{7-4}$$

式中　$f_{\mathrm{em,op}}^{\mathrm{T}}$、$f_{\mathrm{em,p-k}}^{\mathrm{T}}$——高温中 FNMRC 等效初始弯曲强度、等效残余弯曲强度,MPa;

　　　　$\delta_{\mathrm{op}}^{\mathrm{T}}$——高温中 FNMRC 弯曲荷载—跨中挠度曲线上的峰值挠度,mm;

$\varOmega_{\mathrm{m,op}}^{\mathrm{T}}$——$\delta_{\mathrm{op}}^{\mathrm{T}}$ 前的曲线下包面积,N·mm;

$\delta_{\mathrm{p-k}}^{\mathrm{T}}$——曲线上 $\delta_{\mathrm{op}}^{\mathrm{T}}$ 至 $\delta_{\mathrm{k}}^{\mathrm{T}}$ 段的挠度值,mm;

$\varOmega_{\mathrm{m,p-k}}^{\mathrm{T}}$——$\delta_{\mathrm{op}}^{\mathrm{T}}$ 至 $\delta_{\mathrm{k}}^{\mathrm{T}}$ 段对应的曲线下包面积,N·mm;

$\delta_{\mathrm{k}}^{\mathrm{T}}$——给定的跨中挠度 L/k,mm,与常温相同,本书 k 取 100,相应的 $\delta_{\mathrm{k}}^{\mathrm{T}}=3$ mm;
其他符号意义同前。

高温中 FNMRC 弯曲韧度比计算公式为

$$R_{\mathrm{em,op}}^{\mathrm{T}} = f_{\mathrm{em,op}}^{\mathrm{T}}/f_{\mathrm{fn,m}} \tag{7-5}$$

$$R_{\mathrm{em,p-k}}^{\mathrm{T}} = f_{\mathrm{em,p-k}}^{\mathrm{T}}/f_{\mathrm{fn,m}} \tag{7-6}$$

式中　$R_{\mathrm{em,op}}^{\mathrm{T}}$、$R_{\mathrm{em,p-k}}^{\mathrm{T}}$——高温中 FNMRC 初始弯曲韧度比、残余弯曲韧度比;

$f_{\mathrm{fn,m}}$——常温下 FNMRC 抗折强度,MPa。

依据本章试验结果,由式(7-2)~式(7-6)计算出高温中各组 FNMRC 试件的 $f_{\mathrm{em,op}}^{\mathrm{T}}$、$R_{\mathrm{em,op}}^{\mathrm{T}}$、$f_{\mathrm{em,p-100}}^{\mathrm{T}}$ 和 $R_{\mathrm{em,p-100}}^{\mathrm{T}}$,见表7-2和表7-3。

表 7-2　不同温度中 SF10NS10 组试件的等效抗折强度和弯曲韧度比

韧性指标	25 ℃	200 ℃	400 ℃	600 ℃	800 ℃
$f_{\mathrm{em,op}}$	11.01	7.67	6.29	4.50	2.09
$R_{\mathrm{em,op}}$	0.81	0.56	0.46	0.33	0.15
$f_{\mathrm{em,p-100}}$	11.80	7.97	8.26	5.73	2.78
$R_{\mathrm{em,p-100}}$	0.87	0.58	0.61	0.42	0.20

表 7-3　常温和 600 ℃ 高温中 FNMRC 等效抗折强度和弯曲韧度比

试件编号	$f_{\mathrm{em,op}}^{\mathrm{T}}$		$R_{\mathrm{em,op}}^{\mathrm{T}}$		$f_{\mathrm{em,p-100}}^{\mathrm{T}}$		$R_{\mathrm{em,p-100}}^{\mathrm{T}}$	
	25 ℃	600 ℃	25 ℃	600 ℃	25 ℃	600 ℃	25 ℃	600 ℃
SF0NS10	5.67	2.74	0.71	0.34	0.47	0.67	0.06	0.08
SF05NS10	9.28	3.33	0.80	0.29	6.24	3.19	0.54	0.28
SF10NS10	11.00	4.50	0.81	0.33	10.98	4.85	0.81	0.36
SF15NS10	12.60	5.22	0.87	0.36	12.45	6.34	0.86	0.44
SF10NS0	8.49	4.09	0.74	0.36	6.32	3.85	0.55	0.34
SF10NS05	10.09	4.46	0.79	0.35	7.54	4.51	0.59	0.35
SF10NS15	12.22	4.80	0.84	0.33	11.35	5.55	0.78	0.38
SF10NC10	10.08	4.41	0.89	0.39	7.15	4.34	0.63	0.38
SF10NC20	10.93	4.45	0.89	0.36	9.08	4.83	0.74	0.39
SF10NC30	10.06	4.78	0.81	0.38	9.33	5.76	0.75	0.46

由表7-2和表7-3可见,随温度升高,FNMRC 的等效抗折强度和弯曲韧度比显著降低;随钢纤维和纳米材料掺量增大,常温和高温中 FNMRC 的等效抗折强度和弯曲韧度比均有所提高。各因素对高温中 FNMRC 弯曲韧度比的影响见图7-12。

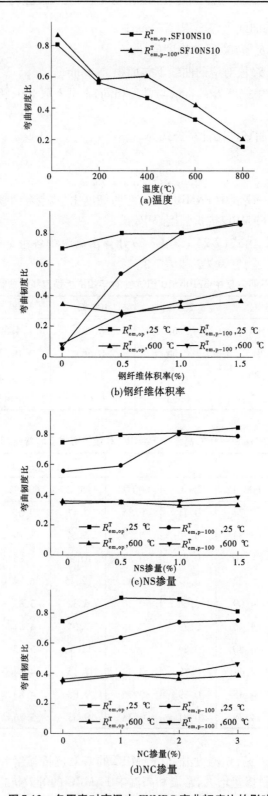

图 7-12　各因素对高温中 FNMRC 弯曲韧度比的影响

图 7-12(a)显示,随温度升高,FNMRC 初始弯曲韧度比和残余弯曲韧度比基本呈直线下降,残余弯曲韧度比在 200 ℃时降幅比 400 ℃还明显,这一点与抗折强度随温度劣化的规律相似。600 ℃和 800 ℃时,FNMRC 初始弯曲韧度比分别降至常温的 41% 和 19%,残余弯曲韧度比分别降至 49% 和 24%。

由图 7-12(b)可见,随钢纤维体积率增大,FNMRC 残余弯曲韧度比大幅提高,初始弯曲韧度比也呈增大的趋势。说明钢纤维不仅显著改善了 FNMRC 峰值后的弯曲韧性,对峰值前的韧性也有一定的增益作用。与掺加 0.5% 的钢纤维相比,钢纤维体积率 1.0% 和 1.5% 时 FNMRC 在常温下初始弯曲韧度比的增幅分别为 1% 和 9%,残余弯曲韧度比的增幅分别为 49% 和 60%;600 ℃高温中初始弯曲韧度比分别提高 15% 和 26%,残余弯曲韧度比分别提高 29% 和 59%。

图 7-12(c)反映出,NS 对常温下 FNMRC 弯曲韧度比的改善作用比高温中更明显,NS 掺量 1.5% 时,常温和 600 ℃高温中 FNMRC 残余弯曲韧度比分别比未掺时提高了 41% 和 14%,初始弯曲韧度比在常温时提高了 13%,而在 600 ℃高温中降低了 8%。从图 7-12(d)可以看出,FNMRC 弯曲韧度比随 NC 掺量增大而提高,与 NS 相似,常温下 FN-MRC 弯曲韧度比随 NC 的提高幅度大于高温中的。NC 掺量 1.0% 时,FNMRC 初始弯曲韧度比增幅最大,常温和 600 ℃高温中分别比未掺时提高 20% 和 9%。FNMRC 残余弯曲韧度比在 NC 掺量 3.0% 时增幅最大,常温和 600 ℃高温中分别增大了 35% 和 37%。

7.5　小　结

本章通过 10 组配合比共 150 个 FNMRC 试件的高温中弯曲试验,研究了温度、钢纤维体积率和纳米材料掺量对高温中 FNMRC 弯曲韧性的影响。在分析试验结果的基础上,提出了考虑温度、钢纤维和纳米材料影响的高温中 FNMRC 抗折强度和弯曲韧性计算模型。主要结论如下:

(1)随温度升高,高温中 FNMRC 抗折强度和弯曲荷载—跨中挠度曲线下包面积显著降低,峰值挠度明显增大;各组试件抗折强度浮动范围随温度升高而缩小;600 ℃高温中 FNMRC 抗折强度降至常温的 42% ~63%,800 ℃时降至 17% ~28%。

(2)钢纤维对高温中 FNMRC 抗折强度、峰值挠度、弯曲荷载—跨中挠度曲线下包面积均有明显提高;400 ℃之前试件破坏形态为钢纤维拔出破坏,钢纤维的增强增韧作用更显著;600 ℃以后试件破坏形态转变成钢纤维拉断破坏,钢纤维的增强增韧作用有所削弱。

(3)纳米材料对各温度下 FNMRC 的抗折强度和能量吸收能力均有不俗的增益作用。

(4)在试验结果的基础上,提出了考虑温度、钢纤维和纳米材料影响的高温中 FN-MRC 抗折强度计算模型,计算结果与试验结果吻合较好。

(5)在详细讨论高温中 FNMRC 弯曲荷载—跨中挠度曲线基础上,提出了适合高温中 FNMRC 特点的弯曲韧性评价方法。

参 考 文 献

［1］Gao D Y, Yan D M, Li X Y. Flexural properties after exposure to elevated temperatures of a ground gran-ulated blast furnace slag concrete incorporating steel fibers and polypropylene fibers［J］. Fire and Materi-als, 2014, 38(5): 576-587.

［2］Sakr K, El-Hakim E. Effect of high temperature or fire on heavy weight concrete properties［J］. Cement and Concrete Research, 2005, 35(3): 590-596.

［3］Husem M. The effects of high temperature on compressive and flexural strengths of ordinary and high-per-formance concrete［J］. Fire Safety Journal, 2006, 41(2): 155-163.

［4］Ergün A, Kürklü G, Serhat B M, et al. The effect of cement dosage on mechanical properties of concrete exposed to high temperatures［J］. Fire Safety Journal, 2013, 55: 160-167.

［5］Giaccio G M, Zerbino R L. Mechanical behaviour of thermally damaged high-strength steel fibre reinforced concrete［J］. Materials and Structures, 2005, 38(3): 335-342.

［6］Netinger I, Kesegic I, Guljas I. The effect of high temperatures on the mechanical properties of concrete made with different types of aggregates［J］. Fire Safety Journal, 2011, 46(7): 425-430.

［7］Ergün A, Kürklü G, Serhat B M, et al. The effect of cement dosage on mechanical properties of concrete exposed to high temperatures［J］. Fire Safety Journal, 2013,55: 160-167.

［8］赵军, 高丹盈, 王邦. 高温后钢纤维高强混凝土力学性能试验研究［J］. 混凝土, 2006(11): 4-6.

［9］赵军,高丹盈. 高温后聚丙烯纤维高强混凝土力学性能试验研究［J］. 四川建筑科学研究, 2008, 34(1): 133-135.

［10］张彦春, 胡晓波, 白成彬. 钢纤维混凝土高温后力学强度研究［J］. 混凝土, 2001(9): 50-53.

［11］牛旭婧, 赵庆新, 陈天红. 聚丙烯粗纤维对高强混凝土高温后性能影响［J］. 硅酸盐通报, 2013, 32(12): 2583-2588.

［12］李丽娟, 谢伟锋, 刘锋. 100 MPa高强混凝土高温后性能研究［J］. 建筑材料学报, 2008, 11(1): 100-104.

［13］游有鲲, 钱春香, 缪昌文. 掺聚丙烯纤维的高强混凝土高温性能研究［J］. 安全与环境工程, 2008, 11(1): 63-66.

［14］张道玲, 鞠丽艳. 复合纤维对高性能混凝土高温性能的影响研究［J］. 工业建筑, 2005, 35(1): 8-14.

［15］高超, 杨鼎宜, 俞君宝, 等. 纤维混凝土高温后力学性能的研究［J］. 混凝土, 2013(1): 33-36.

［16］李晗. 高温后纤维纳米混凝土性能及其计算方法［D］.郑州:郑州大学,2015.

8 纤维纳米混凝土微观性能与高温劣化机制

8.1 引 言

微观结构与宏观性能的关系是现代材料科学的核心。与其他的工程材料相比,混凝土的微观结构更为复杂。首先,混凝土由三相组成,除骨料和水泥浆体外,在粗骨料颗粒周围存在 10~50 μm 厚度的薄壳,称为界面过渡区;界面过渡区比混凝土的另外两个主要组成相都要薄弱,因此它对混凝土力学性能的影响远比其尺寸大得多。其次,三相中的每一个相本身也是多相的;水泥浆体和界面过渡区内除不均匀分布的固相,还存在不同数量与类型的微裂缝和孔隙,骨料中也含有多种矿物、孔隙和裂缝。再次,混凝土的微观结构不是一成不变的,尤其是水泥浆体和界面过渡区的微观结构随环境温度、湿度和时间不断变化。对于其他的工程材料而言,通过研究材料的微观结构,建立微观结构—性能关系模型,其对预测工程材料的宏观性能具有重要的实际应用价值。然而,由于混凝土具有高度复杂、非匀质和动态变化的微观结构,要想建立能可靠预测宏观性能的模型很困难。尽管如此,研究混凝土各组分的微观结构和其相互联系,以及其与宏观性能的关系,对于了解和控制混凝土的宏观性能还是非常有意义的。通过适当的手段改变混凝土材料的微观结构,可以使其宏观性能从本质上得到改善。

FNMRC 是由粗细骨料、纤维、水泥和纳米材料等组成的复合材料,其内部微观结构比普通混凝土更加复杂,影响力学性能的因素也更多。同时,高温作用后 FNMRC 的微观结构和矿物组成也会发生非常大的变化。因此,有必要对 FNMRC 历经高温前后的微观结构和矿物组成进行详细研究,总结分析纳米材料和高温对 FNMRC 微观性能的影响规律,并深入探讨微观性能对宏观性能的影响机制以及 FNMRC 高温劣化机制。

8.2 纤维纳米混凝土微观结构与物相分析

8.2.1 试验设计

常温或高温中力学性能试验结束后,待试件冷却并从破坏的试件基体中,以及钢纤维与基体的界面处选取形貌较完整的砂浆样品,分别进行 XRD 物相分析和 SEM 微观结构观测。XRD 物相分析样品在玛瑙研钵中磨碎,然后用 200 目的筛子筛取粉末并装入带有凹槽的玻璃片中,刮平表面,放入 X 射线衍射分析仪中进行物相分析,见图 8-1。

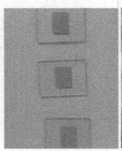

图 8-1　XRD 物相分析试验步骤

　　SEM 微观结构观测试样尺寸通常在 10 mm × 10 mm 左右,为保证试样与样本台充分接触,试样底部预先用砂纸磨平,然后将试样放置在喷金设备内表面喷金,以保证试件良好的导电效果,见图 8-2(a)。试件表面喷金后使用碳导电双面胶将其固定在样本台,然后再次使用碳导电双面胶将试样表面与样本台粘连,尽可能地避免试验过程中试样表面放电现象的发生,见图 8-2(b)。试验采用 ZEISS EVO HD15 电子扫描显微镜(SEM),将样本台装进样本仓后抽高真空,调试完毕即可进行微观观察与拍摄,见图 8-2(c)。

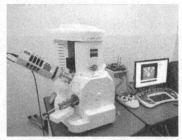

图 8-2　SEM 微观结构观测试验步骤

8.2.2　NS 对纤维纳米混凝土微观性能的影响及其机制

　　通过 SEM 观察不同 NS 掺量的 FNMRC 的微观形貌,并应用 XRD 分析其不同的矿物组成。可将 NS 对 FNMRC 微观结构和力学性能影响机制归结如下:

　　首先,NS 颗粒具有微骨料作用,可以填充水泥颗粒之间的孔洞,提高堆积密度,减少毛细孔的数量和缩小尺寸,从而提高混凝土基体的密实度和 FNMRC 的强度。从图 8-3 可以看出,掺加 NS 以后,FNMRC 中的孔洞和微缺陷明显减少,基体的密实度显著提高。从图 8-3(b)中还可以看出,钢纤维与混凝土界面处的基体非常密实,说明钢纤维与混凝土基体的黏结性能很好,可以充分发挥钢纤维的增强阻裂作用,改善 FNMRC 的力学性能。

(a) 未掺 NS　　　　　　(b)NS 掺量 1.0%

图 8-3　NS 对 FNMRC 基体密实度的影响

其次,由于纳米颗粒的小尺寸效应和表面效应,其表面原子数与不饱和键很多,具有较高的表面能和化学活性,C—S—H 凝胶能够以纳米颗粒为晶核生长,形成以纳米颗粒为核心的网状结构,使混凝土基体组织更加致密,促进了混凝土强度的增长。从图 8-4(a)可以看出,未掺 NS 的混凝土基体中存在板状的 $Ca(OH)_2$ 晶体,基体的总体形貌结构较为疏松,相互搭接不够紧密,毛细孔洞内充满针状的钙矾石(AFt)晶体。掺加 0.5% 的 NS 时,基体的结构较为密实,但依然存在结晶完好的 $Ca(OH)_2$,见图 8-4(b)。由图 8-4(c)和图 8-4(d)可见,NS 掺量超过 1.0% 以后,基体的微观结构显著改善,未发现 $Ca(OH)_2$ 晶体,C—S—H 凝胶在空间上相互搭接,形成组织致密的连续相。

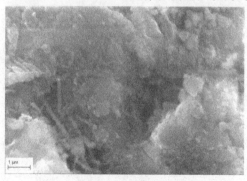

（a）未掺 NS

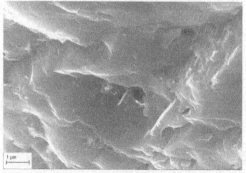

（b）NS 掺量 0.5%

图 8-4　不同 NS 掺量的 FNMRC 微观形貌

（c）NS 掺量 1.0%

（d）NS 掺量 1.5%

续图 8-4

再次,NS 还可以与水化产物 $Ca(OH)_2$ 发生如下的化学反应:

$$SiO_2 + mH_2O + nCa(OH)_2 \rightarrow nCaO \cdot SiO_2 \cdot (m+n)H_2O$$

一方面,这一化学反应过程中产生了更多的 C—S—H 凝胶,提高了基体的密实度;另一方面,更多的 $Ca(OH)_2$ 晶体被细化或消耗掉。从图 8-5 的 XRD 图谱中也可以看出,随 NS 掺量的提高,XRD 图谱中 $2\theta = 18°$ 和 $2\theta = 34°$ 处 $Ca(OH)_2$ 的衍射峰值显著降低,证实了 $Ca(OH)_2$ 晶体明显减少。此外,图谱中 $2\theta = 9°$ 处钙矾石晶体的衍射峰值也随 NS 掺量的增加而降低;而 $2\theta = 26.5°$ 处极大的石英(SiO_2)晶体衍射峰值与 NS 掺量的关系并不密切,原因是在取样时不可避免地将基体砂浆中的砂子一同磨碎在样品中。C—S—H 凝胶由于不是晶体,在 XRD 图谱中无法看到明显的衍射峰。

需要指出的是,骨料和基体的界面过渡区是混凝土力学性能的薄弱环节,主要原因之一就是界面过渡区 $Ca(OH)_2$ 晶体的聚集和定向分布为拉应力提供了开裂位置,NS 与 $Ca(OH)_2$ 的反应改善了骨料与基体界面过渡区的同时,也改善了钢纤维与基体的界面,从而使 FNMRC 的强度和韧性都得到提高。

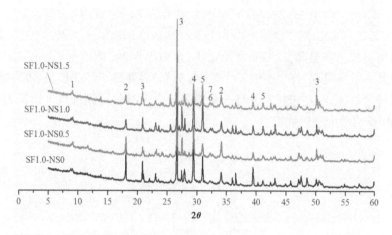

1—钙矾石;2—氢氧化钙;3—石英;4—碳酸镁钙;5—碳酸钙;6—硅酸二钙;7—硅酸三钙

图 8-5　不同 NS 掺量 FNMRC 的 XRD 图谱

8.2.3　NC 对纤维纳米混凝土微观性能的影响及其机制

　　不同 NC 掺量的 FNMRC 微观形貌和 XRD 图谱分别见图 8-6 和图 8-7。NC 对 FNMRC 微观结构的影响机制与 NS 相似。NC 的微骨料效应改善了水泥颗粒分布,提高了堆积密度,并分散了熟料颗粒,使其与水的接触面积增大,促进了水泥的水化。由于表面效应和晶核效应,NC 起到了 C—S—H 凝胶网络结点的作用,改善了混凝土的基体组织,并对 Ca^{2+} 产生物化吸附,降低 C_3S 颗粒周围的 Ca^{2+} 浓度,加速 C_3S 水化。由图 8-6(a)可见,掺加 1.0% 的 NC 时,C—S—H 凝胶发育良好,与图 8-4(a)未掺纳米材料时相比,基体的结构更为密实,但依然存在结晶完好的 $Ca(OH)_2$。图 8-6(b)表明,NC 掺量达到 3.0% 时,基体的组织结构致密,C—S—H 凝胶在空间上相互搭接形成连续相,未发现 $Ca(OH)_2$ 晶体的存在。

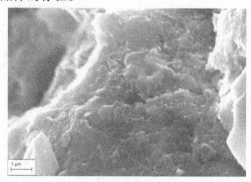 

(a)NC 掺量 1.0%　　　　　　　　　　　　(b)NC 掺量 3.0%

1—钙矾石;2—氢氧化钙;3—石英;4—碳酸镁钙;5—碳酸钙;6—硅酸二钙;7—硝酸三钙

图 8-6　不同 NC 掺量的 FNMRC 微观形貌

　　同时,NC 参与水泥的水化反应,在钙矾石(AFt)向单硫型铝酸钙(AFm)转变的同时,生成低碳型水化碳铝酸钙($C_3A \cdot CaCO_3 \cdot H_{10-12}$):

$$CaCO_3 + (10\text{—}12)H_2O + 3CaO \cdot Al_2O_3 \rightarrow C_3A \cdot CaCO_3 \cdot H_{10\text{—}12}$$

此外,由图 8-7 可见,随 NC 掺量增大,FNMRC 的 XRD 图谱中 $2\theta = 18°$ 和 $2\theta = 34°$ 处 $Ca(OH)_2$ 的衍射峰值明显降低、峰宽逐渐增大,说明掺入 NC 能够明显降低 $Ca(OH)_2$ 晶体的数量以及其在基体界面处的定向排列和密集分布,界面处 $Ca(OH)_2$ 晶体由接近平面的排列向空间排列过渡,有利于提高基体—骨料界面以及基体—钢纤维界面的力学性能,从而提高 FNMRC 的强度和韧性。

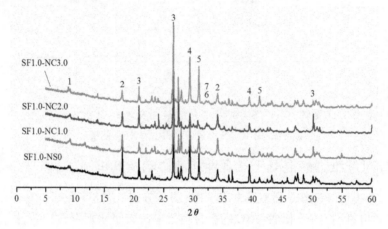

1—钙矾石;2—氢氧化钙;3—石英;4—碳酸镁钙;5—碳酸钙;6—硅酸二钙;7—硅酸三钙

图 8-7　不同 NC 掺量 FNMRC 的 XRD 图谱

8.3　纤维纳米混凝土高温劣化机制

不同温度下 FNMRC 微观形貌和 XRD 图谱分别见图 8-8 和图 8-9。图 8-8(a)显示,200 ℃时 C—S—H 凝胶结构依然较为完整,但密实度比常温时有所降低,主要是因为常温至 200 ℃时,FNMRC 水泥浆体中自由水、吸附水以及 C—S—H 层间水的蒸发使水泥浆中的微裂缝增大;此外,由于层间水能在毛细孔中产生静水张力,失去层间水会对毛细孔产生压应力,从而引起基体收缩,使水泥浆中的微裂缝进一步增大。因此,200 ℃时 FNMRC 的强度和韧性均有明显降低。

由图 8-8(b)可见,400 ℃时 FNMRC 水泥水化产物已开始分解,可以看到夹杂在 C—S—H 凝胶间的板状 $Ca(OH)_2$ 结晶,C—S—H 凝胶组织间的联结比 200 ℃时有所减弱,组织间的孔洞、缝隙更加清晰;同时,骨料与水泥浆体温度膨胀系数的不同,温度变形差在骨料和水泥浆体界面处产生拉应力,使界面过渡区微裂缝的尺寸和数量增多增大;FNMRC 有效受力面积减小,拉应力增大。但另一方面,在 200～400 ℃高温中,C—S—H 和水化硫铝酸盐的化学结合水脱出,增强了水泥浆体的胶合作用,缓和了水泥浆体中裂缝尖端的应力集中,并在一定程度上提高了钢纤维与基体的黏结力。因此,FNMRC 在 400 ℃高温中的强度和韧性与 200 ℃下降不大,甚至有所回升。

400～600 ℃时,水泥中未水化颗粒和骨料中的石英成分由 α 型转变为 β 型,并伴有突然的体积膨胀,从而使基体结构进一步破坏。图 8-8(c)也反映出,水泥水化产物受热

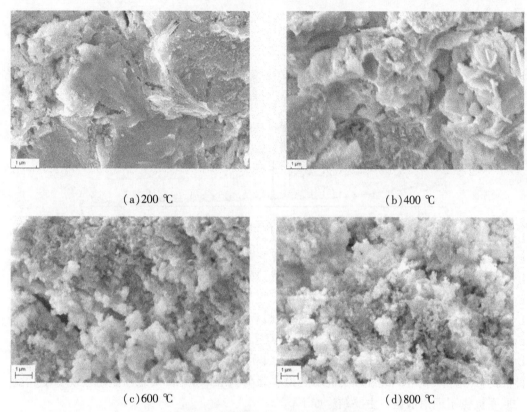

(a)200 ℃ （b)400 ℃

(c)600 ℃ （d)800 ℃

图 8-8 不同温度下 FNMRC 微观形貌

分解,水泥浆体结构松弛,颗粒间结合力降低,水化产物间夹杂的板状和层状 Ca(OH)$_2$ 结晶物大量分解,晶体结构基本消失殆尽;C—S—H 凝胶的网状结构也遭到破坏,基体中已不存在连续或大块的凝胶体,分解形成的颗粒状结晶物抱团,体积收缩;基体中的裂缝进一步开展和延伸,引起 FNMRC 强度和韧性迅速下降。

从图 8-8(d)可以看出,800 ℃时基体中的 Ca(OH)$_2$ 结晶物和水泥水化物几乎全部分解,水泥浆体内部的孔洞和裂缝进一步增多和扩大,变成非常疏松的蜂窝状;骨料与浆体界面的黏结性能进一步恶化,界面处的裂缝迅速扩展和加宽。此外,在 600~800 ℃高温中,碳酸盐质的粗骨料分解、膨胀并在内部出现裂缝,使 FNMRC 强度和韧性快速下降。

图 8-9 也显示出,XRD 图谱中 $2\theta=18°$ 和 $2\theta=34°$ 处 Ca(OH)$_2$ 的衍射峰值随温度升高显著降低,600 ℃和 800 ℃时几乎看不到 Ca(OH)$_2$ 的衍射峰,证实了 Ca(OH)$_2$ 晶体随温度升高逐渐分解,600 ℃时已分解殆尽。$2\theta=31°$ 处的碳酸镁钙(白云石 Dolomite)成分也在 600 ℃时分解完毕,$2\theta=20.5°$ 处石英(SiO$_2$)和 $2\theta=29.5°$ 处碳酸钙(方解石 Calcite)的衍射峰值也随温度升高有不同程度的降低,证实了在 800 ℃时骨料及基体中的石英和碳酸钙成分也会发生分解。此外,XRD 图谱中 $2\theta=32°$ 处的硅酸二钙(C$_2$S)和硅酸三钙(C$_3$S)的衍射峰值有所增强,证实了水泥水化产物在高温中的分解。

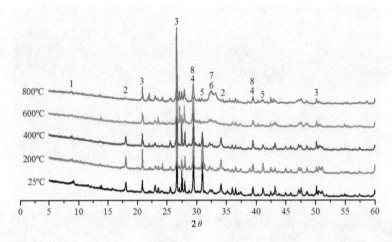

1—钙矾石;2—氢氧化钙;3—石英;4—碳酸镁钙;5—碳酸钙;6—硅酸二钙;7—硅酸三钙;8—石灰

图 8-9　不同温度下 FNMRC 的 XRD 图谱

8.4　小　结

本章通过 SEM 微观结构观测和 XRD 物相分析,深入探讨了纳米材料对 FNMRC 微观性能的影响及 FNMRC 高温劣化机制。为建立高温中 FNMRC 微观性能与宏观力学性能的联系提供了理论依据。主要结论如下:

(1)NS 由于具有微骨料作用、小尺寸效应、表面效应和火山灰活性,使 FNMRC 基体结构更加密实、C—S—H 凝胶结构更加致密、Ca(OH)$_2$ 晶体更加细化和减少,改善了 FNMRC 基体和界面过渡区的性能,从而有效地提高了 FNMRC 的宏观力学性能。

(2)NC 对 FNMRC 微观性能的影响机制与 NS 相似。加入混凝土中可以使基体的组织结构更加致密,C—S—H 凝胶在空间上相互搭接形成致密的连续相,降低了 Ca(OH)$_2$ 晶体的数量及其在基体界面处的定向排列和密集分布。但由于 NC 没有火山灰活性,其对 FNMRC 的微观性能和宏观力学性能的改善效果不如 NS。

(3)在不同温度段,FNMRC 的高温劣化机制有所不同,但总体上是由基体失水收缩、水化物受热分解、界面处温度变形差、骨料受热膨胀等因素共同造成的。

参 考 文 献

[1] Mehta P K, Monteiro P J M. Composition and properties of concrete[M]. 3d ed. New York: McGraw-Hill, 2009.

[2] 叶青. 纳米 SiO$_2$ 与硅粉的火山灰活性的比较[J]. 混凝土, 2001, 137(3): 19-22.

[3] Qing Y, Zenan Z, Deyu K, et al. Influence of nano-SiO$_2$ addition on properties of hardened cement paste as compared with silica fume[J]. Construction and Building Materials, 2007, 21(3): 539-545.

[4] 燕兰, 邢永明. 纳米 SiO$_2$ 对钢纤维混凝土高温后力学性能及微观结构的影响[J]. 复合材料学报, 2013, 30(3): 133-141.

[5] Péra J, Husson S, Guilhot B. Influence of finely ground limestone on cement hydration[J]. Cement and Concrete Composites, 1999, 21(2): 99-105.

[6] 黄政宇, 祖天钰. 纳米 $CaCO_3$ 对超高性能混凝土性能影响的研究[J]. 硅酸盐通报, 2013, 32(6): 1103-1109.

[7] 李固华, 高波. 纳米微粉 SiO_2 和 $CaCO_3$ 对混凝土性能影响[J]. 铁道学报, 2006, 28(1): 131-136.

[8] 应姗姗, 钱晓倩, 詹树林. 纳米碳酸钙对蒸压加气混凝土性能的影响[J]. 硅酸盐通报, 2011, 30(6): 1254-1259.

[9] 过镇海, 时旭东. 钢筋混凝土的高温性能及其计算[M]. 北京: 清华大学出版社, 2003.

[10] 高丹盈, 赵亮平, 杨淑慧. 纤维矿渣微粉混凝土高温中的劈拉性能[J]. 硅酸盐学报, 2012, 40(5): 677-684.

9　超高性能混凝土的高温、防爆
与抗侵蚀性能

9.1　引　言

超高性能混凝土(ultra high performance concrete, UHPC)是一种力学性能和耐久性能均非常优异的新型建筑材料。它能满足土木工程领域高层化、大跨化、轻量化和耐久化等诸多方面的发展要求,在高层建筑、复杂结构、大跨度桥梁、特殊使用条件和严酷环境(如海上平台、海底隧道、核设施及军事防护工程)等领域具有广阔的发展前景。同时,UHPC的推广应用可以节能减排,降低资源、能源消耗,减轻大气环境污染,符合可持续发展战略要求。

随着人类文明的进步,和平与发展已成为当今世界的主题。但由于种族主义、恐怖主义、强权政治和地区经济发展不平衡所造成的社会矛盾仍无处不在,人类面临的战争和恐怖主义袭击的威胁依然不容忽视。我国一直奉行防御为主的国防战略方针,在未来战争中以防御作战为主。防护工程是整个防御体系的重要组成部分,其防护能力对我国的国家安全具有十分重要的意义。然而,随着科技的飞速发展和各项信息技术在军事工程中的广泛应用,各种进攻性武器的杀伤威力大幅提高,大量精准度高、破坏力大的高科技武器在现代战争中不断涌现,对军事防护工程的防护能力提出了更高的要求。现有防护工程中使用的大多是普通强度混凝土,对于这些新型高科技武器的抵御能力有限。因此,研制具有超高力学性能的新型防护工程材料,对我国现有军事防护工程进行更新换代迫在眉睫。超高性能混凝土具备超高强、超高韧、超高抗力和高耐久性能,是提升防护工程抗打击能力的理想建筑材料。

9.2　超高性能混凝土的发展历程及定义

9.2.1　超高性能混凝土发展历程

混凝土具有取材方便、成本低廉、工艺简单、适应性强、耐久性和抗火性好等优点,是目前及以后相当长的时间里用量最大、应用最广的建筑材料。但是,混凝土强度低、脆性大、韧性差等缺点限制了其使用范围,难以适应工程结构高层化、大跨化、轻量化和耐久化等方面的发展要求。同时,普通混凝土用量大,在生产过程中对自然资源和能源的消耗量大,废气和粉尘的排放多,不适应我国节约能源和保护环境的发展要求。在满足相同功能要求时,为了降低混凝土消耗量,混凝土的强度不断提高,从20世纪20年代的20 MPa、到20世纪50年代的30 MPa,再到70年代后高强混凝土(HSC)的强度达到60 MPa以上,高强度混凝土在土木工程中的应用越来越广泛。

HSC 对混凝土抗压强度的提高较明显，但仍无法弥补其脆性大、抗拉强度低的不足。在混凝土中掺入各种纤维制备而成的纤维混凝土（FRC），是提高混凝土抗拉强度、改善脆性和耐久性的重要手段，纤维的桥接作用和阻裂作用有效减少了混凝土裂缝产生和扩展，以及混凝土构件在受荷工作状态下裂缝的发展，从而极大地提高了混凝土的抗拉强度、韧性和耐久性。根据纤维弹性模量的高低可将纤维混凝土分为高弹模纤维混凝土（$E_f/E_c > 1$）和低弹模纤维混凝土（$E_f/E_c < 1$）。低弹模纤维包括聚丙烯纤维、聚乙烯醇纤维、纤维素纤维等，其只能提高混凝土韧性及抗冲击性能和抗热爆性能等与韧性有关的物理性能。高弹模纤维包括钢纤维、玻璃纤维、碳纤维等，其在提高上述性能的同时还能显著改善混凝土的抗拉强度、抗弯强度和刚性等。

然而，对于许多特殊工程，如超高层建筑、大跨结构、地下空间、海上石油钻井平台、核反应堆防护罩、核废料容器、军事防护工程等，对混凝土抵抗各种恶劣环境的能力提出了更高的要求，在 HSC 和 FRC 的基础上，研究者们又提出了超高性能混凝土的概念。

20 世纪 70 年代末，丹麦的 Bache 等应用颗粒学原理，基于紧密堆积理论模型，在普通砂石骨料的基础上，掺加亚微米材料硅灰和高效减水剂，制备了超细粒聚密水泥（cement densified with small particles，DSP）。该材料由水泥、超细材料、高效减水剂和水组成，通过合理的颗粒堆积和颗粒之间的化学反应结合使材料达到最紧密堆积、均匀密实的状态。DSP 的出现为 UHPC 的研究发展奠定了基础。

1993 年，法国学者 Peierre Richard 等基于 DSP 模型，研制出活性粉末混凝土（reactive powder concrete，RPC）。这种新的超高性能的水泥基复合材料集 HSC、HPC 和 FRC 的优势于一身，具有超高强度、高韧性和高耐久性。RPC 的主要工艺如下：①采用最大料径为 $400 \sim 600\ \mu m$ 的石英砂为细骨料，剔除粗骨料，并添加硅灰等具有较高活性的矿物掺和料，组成颗粒紧密堆积的、具有极高密实度和均匀性的颗粒体系；②通过掺加大量高效减水剂，减少用水量，降低水灰比，提高密实度；③掺加纤维材料，改善材料的脆性特征，提高其韧性；④在凝固阶段通过加压排气，进一步提高其密实度；⑤在养护阶段通过热压养护提高胶凝材料和矿物掺和料的化学反应活性，进一步改善内部结构的密实性。通过上述方法所制备的 RPC 材料具备良好的体积稳定性，因其内部结构非常致密，RPC 还具有极高的抗压强度和极佳的耐久性；同时，由于掺加了纤维材料，RPC 的抗拉性能、韧性、抗冲击性、抗疲劳性也得到了显著提高。与普通混凝土相比，RPC 无论原材料组成、配合比设计方法还是制备技术方面都有了长足的进步，并从理论上丰富了无机胶凝材料学，为水泥基复合材料的研究和发展进一步指明了方向。

1994 年，Larrard 等提出了超高性能混凝土的概念，以 RPC 制备原理为基础的 UHPC 材料的研究与应用，是当今水泥基材料发展的主要方向之一。近年来，水泥基复合材料向更高、更强及绿色环保节能的方向发展，各种研究报道层出不穷。相比之下，UHPC 的工程应用相对较少，究其原因，有些是因为制备技术太复杂，有些则是因为价格太高。鉴于此，研究者们也一直致力于 UHPC 的推广应用。

1989 年，美国国家科学基金会成立了"高级水泥基材料科技中心"，并为该中心提供资金支持；美国联邦公路局以 RPC 为主要研究对象，开展了 UHPC 制备技术、强度、长期性能和耐久性方面的系统研究;美国密歇根州交通技术研究院也在此基础上开展了进一步的科学和应用研究。2002 年,法国土木工程学会通过大量研究,制定了超高性能纤维混凝土指南。2004 年,日本土木工程协会制定了 UHPC 设计施工指南,并于 2006 年出版了英文版本。中国从 20 世纪 90 年代开始也做了大量 UHPC 方面的研究工作,取得了一系列的成果,并编制了标准《活性粉末混凝土》(GB/T 31387—2015)。

9.2.2　超高性能混凝土的定义

1994 年,Larrard 等提出超高性能混凝土的概念,但其仅用于指代 RPC 材料。因为 RPC 是一种专利产品,为了避免知识产权的纠纷,采用 UHPC 代指 RPC。该概念并非现在意义上的 UHPC。2004 年 9 月在德国卡塞尔举行的 UHPC 国际会议上,与会专家一致认为:UHPC 虽然被命名为超高性能混凝土,但它是一种新型材料,属于新一代水泥基建筑材料。然而,由于该新型材料发展时间较短,目前国内外对其还没有统一的名称与定义。

东南大学孙伟院士等提出了生态超高性能混凝土的概念,即在 RPC 材料的基础上,在保证其优异性能的同时,最大程度地做到节能环保。初步研究结果表明,生态超高性能混凝土在纤维尺度与掺量、减水剂的减水效应相同及标准养护 90 d 的条件下,各项力学性能指标与国际上报道的 RPC200 相比,均处于相近、相等或更高的状态,抗拉强度和断裂能两项力学行为均超过了 RPC200,且其耐久性十分优异、性价比明显提高。

张云升等认为,对于超高性能混凝土的定义,其含义延伸主要包括以下几个方面:第一,该材料的物理力学性能优异,其抗压强度须达到或超过 150 MPa;第二,该材料处于新拌和状态时,具备良好的流动性能,便于密实成型;第三,该材料在硬化后具有优异的耐久性能,能长时间地服役于严酷的环境中;第四,原材料组成是以硅酸盐水泥为基础的,通过多元复合技术,与工业废渣复合而成多元胶凝体系,达到减少水泥用量与高效利用工业废渣的目的,从而具备环保节能的特点;第五,掺加了高强粗骨料,大幅度减少胶凝材料用量,同样达到节能环保的效果;第六,利用常规技术进行制备,无须压力成型和高温养护等措施,方便制作,扩大该材料在实际工程中的应用范畴。

目前,关于超高性能混凝土的研究中,有些直接称为 UHPC,有些称为活性粉末混凝土(RPC),还有些为强调纤维的作用,将掺入纤维的 UHPC 称为超高性能纤维增强混凝土(ultra high performance fiber reinforced concrete, UHPFRC)。也有研究者依据是否含有粗骨料,将 UHPC 分为 RPC 和含粗骨料的超高性能混凝土[ultra high performance concrete with coarse aggregate, UHPC(CA)]。目前,研究较多的是不掺加粗骨料的 RPC,但较高的成本在一定程度上限制了其推广应用。相比之下,掺加粗骨料的 UHPC 成本相对低廉,具有明显的经济优势,近年来得到了越来越多的关注和重视。

9.3　超高性能混凝土的高温性能

随着 UHPC 越来越多地应用于工程结构,尤其是高层超高层结构中,其高温抗火性能也受到越来越多的重视。与普通混凝土相比,UHPC 的内部结构更加致密,力学性能和耐久性能更加优异,但其火灾高温性能需要引起足够的重视。如多数研究者认为 UHPC 密实的内部结构更容易引起高温爆裂,火灾高温下 UHPC 的力学性能变化规律也与普通混凝土有所不同。

9.3.1 超高性能混凝土高温爆裂

火灾作用下 UHPC 发生高温爆裂会使结构的保护层脱落,钢筋直接暴露于火灾高温中而快速软化屈服,增加结构坍塌的风险。目前关于高温爆裂的机制主要有 3 种,即蒸汽压理论、热应力理论和热裂纹理论。影响 UHPC 高温爆裂的因素很多,如加热速率、含湿量、试件尺寸、纤维掺量、荷载水平等,其中含湿量和纤维被认为是最主要的两个影响因素。鞠杨等的研究表明,RPC 在加热速率 3 ℃/min、炉温 400 ℃ 左右时发生了高温爆裂,爆裂时试件内外部存在较明显的温度差异;RPC 的高温爆裂与其微细观孔隙结构和内部蒸汽压的变化密切相关;采用"薄壁球"模型定量分析了孔隙内部蒸汽压引发 RPC 爆裂的力学机制,并认为 RPC 孔隙体积增大主要来自于过渡孔与毛细孔的数量与体积增加,并未形成有利于蒸发水逃逸的孔隙通道,内部蒸汽压依然是导致 RPC 高温爆裂的直接原因。郑文忠等的研究表明:单掺 2% 的钢纤维或单掺 0.3% 的聚丙烯纤维可以有效防止 RPC 发生高温爆裂。朋改非等研究发现,含粗骨料的超高性能混凝土抗高温爆裂性能优于活性粉末混凝土,粗骨料有助于减轻超高性能混凝土的高温爆裂;蒸汽压是引发高温爆裂的主导因素,随着湿含量的增大,高温爆裂趋于严重;由常温保湿养护、90 ℃ 热水养护和 200 ~ 250 ℃ 干热养护构成的"组合养护"可以有效提高超高性能混凝土的抗高温爆裂性能。Zhang 认为聚合物纤维确实增加了 UHPC 的气渗性和抗爆裂性能,但其原因并不是聚合物纤维融化后形成连通的孔道,而是由于基体与纤维受热变形不协调在纤维周围形成连通的微裂缝网络,聚合物纤维融化前这些微裂缝网络就已经存在;加热到 150 ℃ 时 UHPC 的气渗性提高两个量级,150 ~ 200 ℃ 时又提高一个量级,200 ~ 300 ℃ 时气渗性的变化则很小。

9.3.2 超高性能混凝土高温力学性能

在火灾高温的持续作用下,混凝土的力学性能会显著降低而引发结构失效。普通混凝土(NC)、高强混凝土(HSC)和高性能混凝土(HPC)的高温力学性能研究已比较成熟,其抗压强度通常随温度升高而持续降低,或以 400 ℃ 为分界点,400 ℃ 前先降后升或基本维持不变,400 ℃ 后持续降低;抗拉和抗折强度则随温度上升单调下降。

高温强度方面,UHPC 的高温抗拉和抗折强度变化规律与 NC、HSC 和 HPC 相同,而抗压强度则有较大差别,国内外多个研究均显示,常温至 300 ~ 400 ℃ 范围内,UHPC 的残余抗压强度呈现出明显的增长趋势,之后才逐渐下降,600 ℃ 前抗压强度仍能维持在较高的水平,600 ℃ 后抗压强度大幅下降。朋改非等认为 UHPC 高温抗压强度产生这种变化规律的原因是:一定温度范围内,凝胶孔或毛细孔中的水分蒸发使未水化的水泥颗粒继续水化,基体强度有所提高,从而提高 UHPC 的高温抗压强度;超出此温度范围后,UHPC 高温损伤加剧,抗压强度逐渐降低。Kahanji 采用 ISO 834 标准升温制度,对比研究了冷水(20 ℃)和热水(90 ℃)养护的 UHPFRC 高温后力学性能,结果显示,冷水养护的 UHPFRC

在 200~900 ℃均表现出更高的残余强度。粗骨料对 UHPC 高温后强度的影响具有不同的结论。朋改非等的研究表明,粗骨料对 UHPC 残余抗压强度具有提高作用,各目标温度含粗骨料的 UHPC 残余抗压强度均高于不含粗骨料的 RPC,并认为对于 UHPC 而言,粗骨料与基体界面并不一定是薄弱界面的来源,配制得当的 UHPC 可以形成坚固的界面。Kim 的研究则表明,骨料对 UHPC 残余强度有一定的改善作用,但在骨料总量一定的情况下,粗骨料含量越高、最大粒径越大,残余强度越低。

高温变形方面,Ahmad 研究了高温持续时间和钢纤维掺量对 300 ℃高温后 UHPC 抗压性能的影响,结果显示,峰值强度和能量吸收能力随高温持续时间增加而提高,弹性模量随之降低;高温持续时间对 UHPC 抗压性能影响较大,钢纤维掺量对抗折强度影响较大。Tai 对高温后 RPC 应力—应变曲线的研究表明,随温度升高,曲线上升段斜率不断减小,峰值应力在 300 ℃前有所增大,之后不断较小,弹性模量随温度升高持续减小。郑文忠等的研究结果表明,高温后 RPC 轴心抗压强度和弹性模量随经历温度的升高先增大后减小,且弹性模量下降速度比抗压强度快;600 ℃时,峰值应变达到最大值,峰值点前应变迅速增大,峰值点后呈线性减小。泊松比在 20~400 ℃时随温度升高逐渐降低,400 ℃后有所回升。通过回归分析,建立了高温后 RPC 应力—应变曲线方程和泊松比随温度变化的计算公式。

高温中力学性能方面,Xiong 研究了常温至 800 ℃超高强混凝土(UHSC)的高温中力学性能,结果显示,UHSC 的高温中抗压强度和弹性模量的下降程度均比普通混凝土和高强混凝土小;相同目标温度下,高温中的抗压强度高于高温后,高温中和高温后的弹性模量接近。郑文忠等的研究表明,高温中 RPC 残余抗压强度和抗拉强度均高于 NC 和 HSC;200~500 ℃时,RPC 抗压强度不断提高,600 ℃后开始下降;300 ℃前 RPC 抗压强度随钢纤维掺量的增大而提高,400~800 ℃时随钢纤维掺量的增大而降低;抗拉强度随温度升高持续下降,仅在 200~300 ℃时有所回升;600 ℃前 RPC 抗拉强度随钢纤维掺量的增大而提高,600~800 ℃时则随钢纤维掺量增大而降低。

9.3.3　超高性能混凝土高温损伤机制

与普通混凝土相似,UHPC 是一种多相、多层次和多尺度的复合材料。宏观尺度下,UHPC 由粗骨料、含纤维的砂浆基体和界面过渡区组成,通常可将其假定为各向同性的均匀材料。细观尺度下,UHPC 的砂浆基体由细骨料、纤维、硬化水泥浆基体、孔隙和界面过渡区组成,其中界面过渡区又包括细骨料与水泥浆基体的界面过渡区和纤维与水泥浆基体的界面过渡区。微观尺度下,水泥浆基体由 C—S—H 凝胶、CH 晶体及其他水化产物、未水化的水泥颗粒及其他矿物颗粒、毛细孔等组成。不同尺度下,UHPC 的高温损伤机制也有所不同。

在宏观尺度下,UHPC 的高温损伤机制与普通混凝土相似。首先,高温作用下 UHPC 内部的自由水和结合水转化为水蒸气,水蒸气不能及时消散而产生蒸汽压,造成高温损伤;其次,UHPC 在受热过程中,热量由表面向内部传递,由于 UHPC 的导热性较低,在其内部产生温度梯度导致的热应力,引发高温损伤;再次,由于粗骨料与砂浆基体存在变形差,产生局部应力,导致界面过渡区开裂。UHPC 高温损伤主要表现在表面颜色的变化、表面裂纹、局部开裂甚至爆裂,高温中和高温后 UHPC 力学性能的变化也是其高温损伤的一种宏观表现形式。

在细观尺度下,UHPC 的高温损伤机制不同于普通混凝土。首先,UHPC 具有的内部结构更为致密,其内部蒸汽压也越大;其次,由于 UHPC 水胶比很小,内部孔隙率极小,限制了 CH 晶体在孔隙中的生长,其内部几乎不存在大尺寸的定向 CH 晶体,因此相比普通混凝土,界面过渡区的性能得到大幅改善,但在高温作用下基体与骨料、纤维之间仍会存在温度变形差;再次,钢纤维对 UHPC 基体有增强增韧作用,抑制高温下裂缝的发展,但高温作用下钢纤维本身的力学性能及其与基体的黏结作用均会发生改变;最后,如果掺加了聚合物纤维,高温下聚合物纤维融化可以降低蒸汽压,有效缓解高温损伤。

在微观尺度下,水泥浆基体的高温损伤机制与普通混凝土类似。首先,水泥水化物C—S—H 凝胶在高温作用下会脱水分解,使水泥浆基体结构松弛,颗粒间结合力降低;这是高温作用下基体力学性能降低的根本原因。其次,C—S—H 凝胶在受热分解的过程中会产生失水收缩,而包裹在其间的未水化的水泥颗粒及其他矿物颗粒受热膨胀,二者的变形差也会产生微观尺度上的局部高应力,并引发损伤开裂。

有关 UHPC 高温力学性能和高温爆裂的研究文献中,多数也涉及 UHPC 高温损伤的细观机制和微观结构,但这部分的阐述不够具体和深入。也有部分文献专门研究了高温下 UHPC 的微观损伤,但专门针对高温下 UHPC 细观损伤的研究还很少,大多数高温细观损伤研究的文献主要是针对普通混凝土和高性能混凝土。微观损伤方面,陈薇研究了不同钢纤维掺量 RPC 在 20～800 ℃温度段内的线膨胀系数,并借助 TG – DSC 测试手段对RPC 热膨胀性能变化规律进行机制分析。李海燕利用扫描电镜(SEM)研究了经历不同高温后的 RPC 微观结构和物相组成的变化。刘红彬采用压汞测孔法定量分析了高温度作用下 RPC 内部孔隙结构的变化特征,计算分析了毛细孔和过渡孔等有效孔径区间内RPC 的体积分形维数及其随温度的变化规律。Lee 通过衍射分析(XRD)、热重分析(TG)和核磁共振(NMR)等方法,研究了常温至 800 ℃铝酸钙水泥基 UHPC 的微观结构和化学变化。细观损伤方面,刘嘉涵从细观力学的角度研究了水泥基复合材料的热力学性能,推导出了水泥基复合材料的导热系数细观力学一般表达式。Zhao 模拟了高温作用下高性能混凝土细观结构的应力发展和爆裂机制。Abdallah 研究了高温后不同种类端钩型与NC、HSC 和 UHPC 黏结性能的变化规律,并指出 600～800 ℃高温对钢纤维的变形有显著影响。

9.4　超高性能混凝土的防爆性能

超高性能混凝土因具备超高强、超高韧、超高抗力和抗损伤能力,在现代军事防护工程中具有广泛的应用前景。钻地弹是军事防护工程需要面临的主要威胁,其破坏方式是到达侵彻目的深度后才进行引爆,达到对防护工程设施的破坏。依据力学原理,爆炸是能量在毫秒量级时间内的迅速释放或转化,防御设施需要抵御爆炸过程中的高荷载及高冲击作用,在极短时间的爆炸冲击波作用下,防护工程材料内部将产生极高的应力和变形。因此,军事防护工程的防爆性能主要有动能吸收能力和塑性变形能力,要求其具有较高的强度、极高的韧性和阻裂性能。与普通混凝土相比，UHPC 具有更好的抗侵彻和抗震塌的能力，能够更好地抵抗爆炸高速荷载的冲击，提高军事国防设施的抗爆能力。

爆破冲击试验一般有接触法和非接触法两种。高速爆破冲击试验需有与军工相关的大型试验基地或空旷无人场所才能实现，且实际测定规模巨大，有一定的破坏性，另外爆炸试验数据的准确采集和分析都比较困难。国内解放军理工大学国防工程学院采用非接触爆炸方法，主要是利用电雷管进行引爆，然后观察爆炸后试件的破坏特征、破坏形态和裂缝分布情况。采用该方法测定材料和结构的抗爆性能在国外应用也很普遍，主要在距离被测结构物一定高度引爆炸药进行抗爆试验测定，其区别是试块放置位置各异。

普通混凝土属于脆性材料，在爆炸作用下会发生脆断破坏，提高混凝土韧性和防爆性能最常用的方式是在混凝土中掺加纤维。20 世纪 60 年代，美国开展了相关的研究。1966 年，G. R. Williamson 的研究表明，爆炸时钢纤维混凝土板比普通混凝土产生的碎片速度明显降低。80 年代初，美国空军以高掺量钢纤维混凝土为基本材料研制了 SIFCON 导弹发射井、弹药库和防空袭格栅板等。T. S. Lok 等的研究也表明钢纤维混凝土的抗爆性能优于普通混凝土。R. Sovják 等对钢纤维混凝土和钢筋钢纤维混凝土抗爆性能的研究表明，钢纤维混凝土是较理想的结构抗爆材料，并指出提高钢纤维掺量对混凝土抗爆性能提高效果比增加结构厚度更为显著。S. T. Zahra 等认为粘贴碳纤维布是抵御爆炸恐怖袭击或碰撞事故的新兴方法，碳纤维布可以显著降低混凝土面板开裂、提高钢筋混凝土的抗爆性能。E. C. John 也指出在钢筋混凝土柱上包裹碳纤维布，可以防止首层柱子在爆炸荷载作用下发生的灾难性破坏。T. T. Garfield 通过对五种混凝土加固板的抗爆性能研究，指出钢纤维加固板较玻璃纤维加固板的抗爆性能更加显著。

数值模拟法在混凝土防爆性能研究中也应用广泛，该方法是结合有限元或有限容积的概念，依靠计算机通过数值计算和图像显示的方法来模拟实际爆炸破坏过程。数值模拟法主要包括：有限元法、有限块体法、离散元法、有限差分法等。该方法需要满足几何、物理、边界条件相似及质点运动初始条件和平衡方程相似等五个方面。然而在爆炸试验设计时，要满足上述条件往往比较困难，因此使数值模拟试验结果出现一些不确定性因素，存在一定偏差。

有关抗爆试验的研究，由于其破坏巨大，因此许多学者采用数值模拟的试验方法，当前应用较为广泛的是有限元法。在抗爆加固方面，M. M. Khalid 采用非线性有限元的计算模型模拟了在爆炸荷载下的双向贴有碳纤维的钢筋混凝土的破坏情况，并验证了贴有碳纤维增强的钢筋混凝土提高了抗爆性能。C. D. Eamon 对在爆炸荷载作用下砌块结构的加固方法进行了研究。在钢筋混凝土结构的抗爆和模拟方面，方秦在 Timoshenko 梁理论的基础上提出分层非线性动力有限元分析方法，冯剑平在此基础上探索了建筑物连续倒塌过程及机制，B. M. Luccio 通过一个计算程序验证了整个模拟过程的合理性，L. Mao 更是对超高性能混凝土的抗爆性能进行模拟。由于有限元法分析处理非线性问题时单元刚度矩阵的推导十分复杂，而离散单元法更符合爆炸后的非线性。陶连金、李承就采用离散单元法对爆炸荷载下钢筋混凝土框架结构的倒塌过程进行了有效模拟，该模型更符合工程实际。

9.5 超高性能混凝土的抗侵彻性能

防护工程作为防御体系的重要组成部分,其防护能力对国家安全具有举足轻重的意义。借助于现代材料科学、计算技术和试验手段的进步,使新型防护材料与结构研究、材料物理力学性能研究、常规武器侵彻爆炸破坏机制研究、防护结构抗爆炸冲击设计计算方法研究等诸多方面都成为了研究的热点,国内外学者开展了大量的研究工作并取得了许多阶段性的重要成果。

通过研究或改进遮弹和偏航技术,研制高性能抗侵彻的防护材料,提高防护工程的抗打击能力,主要有 3 个研究方向:①采取结构措施,主要包括提高防护结构表面硬度或改变几何形状及改变层间的几何形状,如以球面铸铁或球状陶瓷层作为防护结构表层,或在其中间夹蜂窝状夹层,使侵彻弹丸偏转;②采用高强复合材料,主要是采用抗侵彻能力强的复合材料层,如刚玉块石混凝土、含钢球钢纤维混凝土等;③采取分层结构有效组合的形式,利用各防护层的非均匀性影响弹体侵彻。

混凝土的抗侵彻能力与其强度密切相关。美国陆军工程兵水道试验站在 20 世纪 60 年代修建的地下发射井和核电站中分别采用了 C85 和 C70 高强混凝土。挪威的 Langberg 等对高强度混凝土抗侵彻能力的试验表明,增强混凝土强度可明显提高其抗侵彻能力。钢纤维的掺入对混凝土抗冲击性能影响的研究表明,增加少量钢纤维对侵彻深度没有影响,但由于混凝土的韧性提高,因此弹坑的尺寸减小。此外还对 30 ~ 210 MPa 的混凝土作为遮弹材料的经济性进行了比较,结果表明,强度过高导致经济性较差而抗侵彻能力却提高不多,130 MPa 的混凝土经济性相对较好。

普通混凝土作为遮弹层材料主要存在以下不足:一是性能上各向异性明显,抗拉强度远低于其抗压强度;二是韧性不足,超过极限强度后很快失效,属于脆性破坏。钢纤维的掺入一方面可阻碍混凝土中微裂缝的扩展以延缓宏观裂缝的形成与发展,进而显著提高其强度和韧度;另一方面钢纤维在混凝土中近似均匀分布,可缓解混凝土性能的各向异性,削弱爆炸与侵彻作用产生的复杂应力场对结构局部和薄弱部位的破坏。美国陆军工程兵水道试验站对钢筋混凝土板与钢纤维混凝土板进行了爆炸对比试验,爆炸后钢纤维混凝土板尽管受损严重,但与完全破碎的普通混凝土板相比保持了较好的完整性。Lok 等对钢纤维混凝土板进行的爆炸缩尺试验表明,钢纤维的加入能提高防爆结构的整体性和生存能力,防止混凝土破碎和结构整体坍塌,可取得更好的防护效果。严少华、王德荣等、纪冲等对钢纤维混凝土抗弹体侵彻的研究表明:①随着纤维体积率的增大,钢纤维混凝土试件的爆坑直径和深度均有显著减小,特别是高掺量钢纤维混凝土,爆炸后试件完整性良好,表面仅发生浅层剥落,背面无任何损伤痕迹;②与厚度大、纤维体积率小的试件相比,相对厚度小、纤维体积率大的试件抗爆性能更优;③钢纤维外形的差异会导致材料增强增韧效果不同,端钩型(异型)钢纤维混凝土的综合抗冲击能力优于平直型钢纤维混凝土。值得注意的是,在一定范围内,钢纤维的掺入比例越高,材料的性能越好,但当钢纤维体积率高于 2.5% 时,施工非常困难。

王德荣等、葛涛对 RPC 进行了抗侵彻与爆炸试验,分析推导了 RPC 抗侵彻计算公式,并验证了公式的可靠性。试验表明,RPC 的抗侵彻能力是普通混凝土的 3 倍,且随侵彻弹速的提高,RPC 材料的抗侵彻性能更突出。郭志昆等、陈万祥等研制了一种由电工陶瓷与 RPC 球面柱组成的偏航层和以 RPC 为基本层的活性粉末混凝土基表面异形遮弹层,采用 $\phi57$ mm 半穿甲弹对其进行了弹道冲击试验,分析了诱偏机制并推导了侵彻深度简化计算公式。结果表明,这种异形体复合遮弹层能有效削弱弹体侵彻的破坏作用。弹体侵彻时发生了不同程度的破坏,弹道产生明显偏转,且随弹体速度增加,弹体偏转角呈先增大后减小的变化趋势。试验后基本层完整性较好,未出现大面积弹坑和震塌。

　　硬化后的 UHPC 具备超高强、超高韧、超高抗力和高耐久性能,是提升防护工程抗打击能力的理想建筑材料。目前,超高性能混凝土的研究主要集中于材料的设计与制备和静态力学性能的研究,赖建中等对不同钢纤维掺量的超高性能混凝土进行了层裂试验和爆炸试验,研究了 UHPC 的动态强度和破坏形态。弹体对防护工程材料的撞击及侵彻是一个很复杂的物理过程,影响因素众多,很难通过理论分析或者数学计算的方法得出一个精确的解。因此,当前主要以缩小比例的模型试验为研究手段,并辅以数值模拟来分析试验结果。佘伟等研究了不同强度等级和掺量的钢纤维对于 UHPC 抗侵彻能力的影响;戎志丹等在此基础上利用 ANSYS 有限元软件对侵彻全过程进行了数值模拟。他们皆发现侵彻深度随强度等级和钢纤维掺量的提升而减小,证明了抗侵彻能力的提升,但此改善效果随着强度等级的提高会逐渐减弱。

参 考 文 献

[1] Larrard F D , Sedran T . Optimization of ultra-high-performance concrete by the use of a packing model [J]. Cement and Concrete Research, 1994, 24(6):997-1009.

[2] 焦楚杰,孙伟,赖建中,等.生态型活性粉末混凝土单轴压缩力学性能[J].工业建筑,2004(1): 60-62.

[3] 张云升, 张文华, 陈振宇. 综论超高性能混凝土:设计制备·微观结构·力学与耐久性·工程应用 [J]. 材料导报, 2017(23):1-16.

[4] Zhou M, Lu W, Song J, et al. Application of Ultra-High Performance Concrete in bridge engineering [J]. Construction and Building Materials, 2018, 186:1256-1267.

[5] 阎培渝. 超高性能混凝土(UHPC)的发展与现状[J]. 混凝土世界, 2010(9): 36-41.

[6] Song Q , Yu R , Shui Z , et al. Optimization of fibre orientation and distribution for a sustainable Ultra-High Performance Fibre Reinforced Concrete (UHPFRC): Experiments and mechanism analysis [J]. Construction and Building Materials, 2018, 169:8-19.

[7] 陈宝春, 季韬, 黄卿维, 等. 超高性能混凝土研究综述[J]. 建筑科学与工程学报, 2014, 31(3):1-24.

[8] 邓宗才, 肖锐, 申臣良. 超高性能混凝土的制备与性能[J]. 材料导报, 2013, 27(9):66-69.

[9] Shi C, Wu Z, Xiao J, et al. A review on ultra high performance concrete: Part I. Raw materials and mixture design[J]. Construction and Building Materials, 2015, 101:741-751.

[10] Wang D, Shi C, Wu Z, et al. A review on ultra high performance concrete: Part II. Hydration, microstructure and properties[J]. Construction and Building Materials, 2015, 96:368-377.

[11] 朋改非, 牛旭婧, 成铠. 超高性能混凝土的火灾高温性能研究综述[J]. 材料导报, 2017, 31(23):17-23.

[12] Ju Y , Liu J , Liu H , et al. On the thermal spalling mechanism of reactive powder concrete exposed to high temperature: Numerical and experimental studies[J]. International Journal of Heat and Mass Transfer, 2016, 98:493-507.

[13] Klingsch E W, Frangi A, Fontana M. High and ultrahigh-performance concrete: A systematic experimental analysis on spalling[J]. ACI Special Publication, 2011,279: 269-318.

[14] 刘红彬. 活性粉末混凝土的高温力学性能与爆裂的试验研究[D].北京:中国矿业大学, 2012.

[15] 杨娟. 含粗骨料超高性能混凝土的高温力学性能、爆裂及其改善措施试验研究[D].北京:北京交通大学,2017.

[16] Abid M, Hou X, Zheng W, et al. High temperature and residual properties of reactive powder concrete- A review[J]. Construction and Building Materials, 2017, 147:339-351.

[17] Ju Y , Wang L , Liu H , et al. An experimental investigation of the thermal spalling of polypropylene-fibered reactive powder concrete exposed to elevated temperatures[J]. Science Bulletin, 2015, 60(23): 2022-2040.

[18] 柳献, 袁勇, 叶光, 等. 高性能混凝土高温爆裂的机理探讨[J]. 土木工程学报, 2008, 41(6):61-68.

[19] 鞠杨, 刘红彬, 田开培, 等. RPC高温爆裂的微细观孔隙结构与蒸汽压变化机制的研究[J]. 中国科学:技术科学, 2013, 43(2):141-152.

[20] 刘红彬, 鞠杨, 孙华飞, 等. 活性粉末混凝土的高温爆裂及其内部温度场的试验研究[J]. 工业建筑, 2014, 44(11):126-130.

[21] 郑文忠, 李海艳, 王英. 高温后不同聚丙烯纤维掺量活性粉末混凝土力学性能试验研究[J]. 建筑结构学报, 2012, 33(9):119-126.

[22] 李海艳, 郑文忠, 罗百福. 高温后RPC立方体抗压强度退化规律研究[J]. 哈尔滨工业大学学报, 2012, 44(4):17-22.

[23] heng W, Li H, Wang Y. Compressive behaviour of hybrid fiber-reinforced reactive powder concrete after high temperature[J]. Materials and Design, 2012, 41:403-409.

[24] 朋改非, 杨娟, 石云兴, 等. 超高性能混凝土抗高温爆裂性能试验研究[J]. 建筑材料学报, 2017, 20(2):229-233.

[25] Peng G F , Niu X J , Shang Y J , et al. Combined curing as a novel approach to improve resistance of ultra-high performance concrete to explosive spalling under high temperature and its mechanical properties [J]. Cement and Concrete Research, 2018, 109:147-158.

[26] Zhong D, Dasari A, Tan K H. On the mechanism of prevention of explosive spalling in ultra-high performance concrete with polymer fibers[J]. Cement and Concrete Research, 2018, 113:169-177.

[27] Canbaz M. The effect of high temperature on reactive powder concrete[J]. Construction and Building Materials, 2014, 70:508-513.

[28] Jang H S, So H S, So S Y. The properties of reactive powder concrete using PP fiber and pozzolanic materials at elevated temperature[J]. Journal of Building Engineering, 2016, 8:225-230.

[29] Hiremath P N, Yaragal S C. Performance evaluation of reactive powder concrete with polypropylene fibers at elevated temperatures[J]. Construction and Building Materials, 2018, 169:499-512.

[30] Scheinherrová L, Vejmelková E, Keppert M, et al. Effect of Cu-Zn coated steel fbers on high temperature resistance of reactive powder concrete[J]. Cement and Concrete Research, 2019, 117:45-57.

[31] 朋改非, 杨娟, 石云兴. 超高性能混凝土高温后残余力学性能试验研究[J]. 土木工程学报, 2017, 50(04):77-79.

[32] Peng G F, Huang Z S. Change in microstructure of hardened cement paste subjected to elevated temperatures[J]. Construction and Building Materials, 2008, 22(4):593-599.

[33] Kahanji C, Ali F, Nadjai A, et al. Effect of curing temperature on the behaviour of UHPFRC at elevated temperatures [J]. Construction and Building Materials, 2018, 182:670-681.

[34] Kim Y S, Ohmiya Y, Kanematsu M, et al. Effect of aggregate on residual mechanical properties of heated ultra-high-strength concrete[J]. Materials & Structures, 2016, 49(9):3847-3859.

[35] Ahmad S, Rasul M, Adekunle S K, et al. Mechanical properties of steel fiber-reinforced UHPC mixtures exposed to elevated temperature: Effects of exposure duration and fiber content [J]. Composites Part B, 2019, 168:291-301.

[36] Tai Y S, Pan H H, Kung Y N. Mechanical properties of steel fiber reinforced reactive powder concrete following exposure to high temperature reaching 800 °C[J]. Nuclear Engineering and Design, 2011, 241 (7):2416-2424.

[37] Zheng W, Li H, Wang Y. Compressive stress-strain relationship of steel fiber-reinforced reactive powder concrete after exposure to elevated temperatures[J]. Construction and Building Materials, 2012, 35: 931-940.

[38] Zheng W, Luo B, Wang Y. Stress-strain relationship of steel-fibre reinforced reactive powder concrete at elevated temperatures[J]. Materials and Structures, 2015, 48(7):2299-2314.

[39] 郑文忠, 李海艳, 王英. 高温后混杂纤维 RPC 单轴受压应力—应变关系[J]. 建筑材料学报, 2013, 16(3):388-395.

[40] 李海艳, 王英, 郑文忠. 高温后活性粉末混凝土横向变形性能[J]. 哈尔滨工业大学学报, 2013, 45(4):1-5.

[41] Xiong M X, Liew J Y R. Mechanical behaviour of ultra-high strength concrete at elevated temperatures and fire resistance of ultra-high strength concrete filled steel tubes[J]. Materials and Design, 2016, 104: 414-427.

[42] Zheng W, Luo B, Wang Y. Compressive and tensile properties of reactive powder concrete with steel fibres at elevated temperatures[J]. Construction and Building Materials, 2013, 41:844-851.

[43] 陈薇, 杜红秀, 万俊. 高温对活性粉末混凝土抗压强度和热膨胀性能的影响[J]. 科学技术与工程, 2017(22):306-310.

[44] 李海艳, 王英, 解恒燕, 等. 高温后活性粉末混凝土微观结构分析[J]. 华中科技大学学报:自然科学版, 2012, 40(5):71-75.

[45] 刘红彬, 鞠杨, 孙华飞, 等. 高温作用下活性粉末混凝土(RPC)孔隙结构的分形特征[J]. 煤炭学报, 2013, 38(9):1583-1588.

[46] Lee N K, Koh K T, Park S H, et al. Microstructural investigation of calcium aluminate cement-based ultra-high performance concrete (UHPC) exposed to high temperatures [J]. Cement and Concrete Research, 2017, 102:109-118.

[47] 刘嘉涵, 徐世烺, 曾强. 基于多尺度细观力学方法计算水泥基材料的导热系数[J]. 建筑材料学报, 2018, 21(2):293-298.

[48] Zhao J, Zheng J J, Peng G F, et al. A meso-level investigation into the explosive spalling mechanism of high-performance concrete under fire exposure[J]. Cement and Concrete Research, 2014, 65:64-75.

[49] Abdallah S, Fan M, Cashell K A. Pull-out behaviour of straight and hooked-end steel fibres under elevat-

ed temperatures[J]. Cement and Concrete Research, 2017, 95: 132-140.

[50] Abdallah S, Fan M, Rees D W A. Effect of elevated temperature on pull-out behaviour of 4DH/5DH hooked end steel fibres[J]. Composite Structures, 2017, 165:180-191.

[51] Williamson G R. Response of fibrous reinforced concrete to explosive loading[R]. USArmy Corps of Engineers, Ohio River Division Laboratories, January 1966: 2-48.

[52] Lok T S, Xiao J R. Steel fibre-reinforced concrete panels exposed to air blast loading Proceedings of the Institution of Civil Engineers[J]. Structures and Buildings, 1999, 134(9): 319-331.

[53] Sovják R, Vav řiník T, Máca P, et al. Experimental investigation of ultra-high performance fiber reinforced concrete slabs subjected to deformable projectile impact[J]. Procedia Engineering, 2013: 120-125.

[54] Zahra S T, Jeffery S V, Jason B, et al. Experimental and numerical analyses of long carbon fiber reinforced concrete panels exposed to blast loading [J]. International Journal of Impact Engineering, 2013(57): 70-80.

[55] John E C, Javier M L. Composite retrofits to increase the blast resistance of reinforced concrete buildings [C]. Tenth International Symposium on Interaction of the Effects of Munitions with Structures, 2001: 345-364.

[56] Garfield T T, Richins W D, Larson T K, et al. Performance of RC and FRC wall panels reinforced with mild steel and GFRP composites in blast events[J]. Procedia Engineering, 2011(10): 534-3539.

[57] Khalid M M, Ayman S M. Nonlinear transient analysis of reinforced concrete slabs subjected to blast loading and retrofitted with CFRP composites[J]. Composites Part B, 2001, 32(8): 623-636.

[58] Eamon C D, Baylot J T. Modeling Concrete Masonry Walls Subject to Explosive Loads[J]. ASCE:Journal of Engineering Mechanies, 2004, 130(9): 1098-1106.

[59] 方秦, 柳锦春, 张亚栋,等. 爆炸荷载作用下钢筋混凝土梁破坏形态有限元分析[J]. 工程力学, 2001, 18(2): 1-8.

[60] 冯剑平. 钢筋混凝土桥梁爆破拆除数值模拟研究[D]. 西安:长安大学, 2013.

[61] Luccioni B M, Ambrosini R D, Danesi R F. Analysis of building collapse under blast loads[J]. Engineering Structures, 2003, 26(2): 63-71.

[62] Mao L, Barnett, Begg D, et al. Numerical simulation of ultra high performance fibre reinforced concrete panel subjected to blast loading[J]. International Journal of Impact Engineering, 2014, 64(2): 91-100.

[63] 陶连金, 董洪昌, 孟涛,等. 节理岩体爆破的颗粒流离散元的模拟研究[J]. 爆破, 2013, 4:14-19.

[64] 李承. 基于离散单元法的钢筋混凝土框架结构爆破拆除计算机仿真分析[D]. 上海:同济大学, 2000.

[65] Langberg H, Markeset G. High performance concrete-penetration resistance and material development [C]// Proceedings of 9th international symposium on interaction of the effects of munitions with structures. Norwegian Defense Construction Service,ISIEMS Berlin-Straussberg,Germany,1999:933-941.

[66] Lok T S,Xiao J R. Steel-fibre-reinforced concrete panels exposed to air blast loading[J]. Proceedings of Institution of Civil Engineers-Structures and Buildings,1999,134(9):319-331.

[67] 严少华. 高强钢纤维混凝土抗侵彻理论与试验研究[D]. 南京:解放军理工大学,2001.

[68] 王德荣,王再晖,曹奇. 钢纤维混凝土、钢纤维钢筋混凝土抗接触爆炸试验研究[J]. 混凝土,2006 (8):8-11.

[69] 纪冲,龙源,万文乾,等. 钢纤维混凝土抗侵彻与贯穿特性的实验研究[J]. 爆炸与冲击,2008,28 (2):178-185 .

[70] 纪冲,龙源,邵鲁中. 钢纤维混凝土遮弹层抗弹丸侵彻效应试验研究与分析[J]. 振动与冲击,
　　　2009,28(12):75-79.

[71] 高光发. 防护工程中若干规律性问题的研究和机理分析[D]. 合肥:中国科学技术大学,2010.

[72] 王德荣,葛涛,周泽平,等. 钢纤维超高强活性混凝土(RPC)抗侵彻计算方法研究[J]. 爆炸与冲
　　　击,2006,26(4):367-372.

[73] 葛涛. 钢纤维RPC(超高强活性混凝土)遮弹层接触爆炸破坏效应研究[D]. 南京:解放军理工大
　　　学,2004.

[74] 郭志昆,陈万祥,袁正如,等. 新型偏航遮弹层选型分析与试验[J]. 解放军理工大学学报:自然科
　　　学版,2007,8(5):505-512.

[75] 陈万祥,郭志昆,吴昊,等. 表面异形遮弹层的诱偏机制与试验[J]. 弹道学报,2011,23(4):66-69.

[76] 陈万祥,郭志昆. 活性粉末混凝土基表面异形遮弹层的抗侵彻特性[J]. 爆炸与冲击,2010,30(1):
　　　51-57.

[77] 赖建中,朱耀勇,谭剑敏. 超高性能混凝土在埋置炸药下的抗爆试验及数值模拟[J]. 工程力学,
　　　2016,33(5):193-199.

[78] 佘伟,张云升,孙伟,等. 绿色超高性能纤维增强水泥基防护材料抗侵彻、抗爆炸试验研究[J]. 岩石
　　　力学与工程学报,2011,30(S1):2777-2783.

[79] 戎志丹,孙伟,张云升,等. 高与超高性能钢纤维混凝土的抗侵彻性能研究[J]. 弹道学报,2010,22
　　　(3):63-67.